"十三五"国家重点出版物出版规划项目

现代电子战技术丛书

认知电子战原理与技术

Principle and Technology of Cognitive Electronic Warfare

王沙飞 李 岩 徐 迈 朱卫纲 编著

国防工业出版社

·北京·

图书在版编目(CIP)数据

认知电子战原理与技术 / 王沙飞等编著. —北京：国防工业出版社，2018.12(2024.1 重印)
（现代电子战技术丛书）
ISBN 978-7-118-11768-4

Ⅰ. ①认… Ⅱ. ①王… Ⅲ. ①电子对抗-研究 Ⅳ. ①E866

中国版本图书馆 CIP 数据核字(2018)第 256847 号

※

国防工业出版社出版发行
（北京市海淀区紫竹院南路 23 号　邮政编码 100048）
北京虎彩文化传播有限公司印刷
新华书店经售

＊

开本 710×1000　1/16　印张 14　字数 230 千字
2024 年 1 月第 1 版第 4 次印刷　印数 3601—4600 册　定价 93.00 元

(本书如有印装错误，我社负责调换)

国防书店：(010)88540777　　书店传真：(010)88540776
发行业务：(010)88540717　　发行传真：(010)88540762

"现代电子战技术丛书"编委会

编委会主任　杨小牛

院 士 顾 问　张锡祥　凌永顺　吕跃广　刘泽金　刘永坚
　　　　　　　　王沙飞　陆　军

编委会副主任　刘　涛　王大鹏　楼才义

编委会委员

（排名不分先后）

　　许西安　张友益　张春磊　郭　劲　季华益　胡以华
　　高晓滨　赵国庆　黄知涛　安　红　甘荣兵　郭福成
　　高　颖

丛书总策划　王晓光

丛书序

新时代的电子战与电子战的新时代

广义上讲,电子战领域也是电子信息领域中的一员或者叫一个分支。然而,这种"广义"而言的貌似其实也没有太多意义。如果说电子战想用一首歌来唱响它的旋律的话,那一定是《我们不一样》。

的确,作为需要靠不断博弈、对抗来"吃饭"的领域,电子战有着太多的特殊之处——其中最为明显、最为突出的一点就是,从博弈的基本逻辑上来讲,电子战的发展节奏永远无法超越作战对象的发展节奏。就如同谍战片里面的跟踪镜头一样,再强大的跟踪人员也只能做到近距离跟踪而不被发现,却永远无法做到跑到跟踪目标的前方去跟踪。

换言之,无论是电子战装备还是其技术的预先布局必须基于具体的作战对象的发展现状或者发展趋势、发展规划。即便如此,考虑到对作战对象现状的把握无法做到完备,而作战对象的发展趋势、发展规划又大多存在诸多变数,因此,基于这些考虑的电子战预先布局通常也存在很大的风险。

总之,尽管世界各国对电子战重要性的认识不断提升——甚至电磁频谱都已经被视作一个独立的作战域,电子战(甚至是更为广义的电磁频谱战)作为一种独立作战样式的前景也非常乐观——但电子战的发展模式似乎并未由于所受重视程度的提升而有任何改变。更为严重的问题是,电子战发展模式的这种"惰性"又直接导致了电子战理论与技术方面发展模式的"滞后性"——新理论、新技术为电子战领域带来实质性影响的时间总是滞后于其他电子信息领域,主动性、自发性、仅适用于本领域的电子战理论与技术创新较之其他电子信息领域也进展缓慢。

凡此种种,不一而足。总的来说,电子战领域有一个确定的过去,有一个相对确定的现在,但没法拥有一个确定的未来。通常我们将电子战领域与其作战对象之间的博弈称作"猫鼠游戏"或者"魔道相长",乍看这两种说法好像对于博弈双方一视同仁,但殊不知无论"猫鼠"也好,还是"魔道"也好,从逻辑上来讲都是有先后的。作战对象的发展直接能够决定或"引领"电子战的发展方向,而反之则非常困难。也就是说,博弈的起点总是作战对象,博弈的主动权也掌握在作战对象手中,而电子战所能做的就是在作战对象所制定规则的"引领下"一次次轮回,无法跳出。

然而,凡事皆有例外。而具体到电子战领域,足以导致"例外"的原因可归纳为如下两方面。

其一,"新时代的电子战"。

电子信息领域新理论新技术层出不穷、飞速发展的当前,总有一些新理论、新技术能够为电子战跳出"轮回"提供可能性。这其中,颇具潜力的理论与技术很多,但大数据分析与人工智能无疑会位列其中。

大数据分析为电子战领域带来的革命性影响可归纳为**"有望实现电子战领域从精度驱动到数据驱动的变革"**。在采用大数据分析之前,电子战理论与技术都可视作是围绕"测量精度"展开的,从信号的发现、测向、定位、识别一直到干扰引导与干扰等诸多环节,无一例外都是在不断提升"测量精度"的过程中实现综合能力提升的。然而,大数据分析为我们提供了另外一种思路——只要能够获得足够多的数据样本(样本的精度高低并不重要),就可以通过各种分析方法来得到远高于"基于精度的"理论与技术的性能(通常是跨数量级的性能提升)。因此,可以看出,大数据分析不仅仅是提升电子战性能的又一种技术,而是有望改变整个电子战领域性能提升思路的顶层理论。从这一点来看,该技术很有可能为电子战领域跳出上面所述之"轮回"提供一种途径。

人工智能为电子战领域带来的革命性影响可归纳为**"有望实现电子战领域从功能固化到自我提升的变革"**。人工智能用于电子战领域则催生出认知电子战这一新理念,而认知电子战理念的重要性在于,它不仅仅让电子战具备思考、推理、记忆、想象、学习等能力,而且还有望让认知电子战与其他认知化电子信息系统一起,催生出一种新的战法,即

"智能战"。因此,可以看出,人工智能有望改变整个电子战领域的作战模式。从这一点来看,该技术也有可能为电子战领域跳出上面所述之"轮回"提供一种备选途径。

总之,电子信息领域理论与技术发展的新时代也为电子战领域带来无限的可能性。

其二,"电子战的新时代"。

自1905年诞生以来,电子战领域发展到现在已经有100多年历史,这一历史远超雷达、敌我识别、导航等领域的发展历史。在这么长的发展历史中,尽管电子战领域一直未能跳出"猫鼠游戏"的怪圈,但也形成了很多本领域专有的、与具体作战对象关系不那么密切的理论与技术积淀,而这些理论与技术的发展相对成体系、有脉络。近年来,这些理论与技术已经突破或即将突破一些"瓶颈",有望将电子战领域带入一个新的时代。

这些理论与技术大致可分为两类:一类是符合电子战发展脉络且与电子战发展历史一脉相承的理论与技术,例如,网络化电子战理论与技术(网络中心电子战理论与技术)、软件化电子战理论与技术、无人化电子战理论与技术等;另一类是基础性电子战技术,例如,信号盲源分离理论与技术、电子战能力评估理论与技术、电磁环境仿真与模拟技术、测向与定位技术等。

总之,电子战领域100多年的理论与技术积淀终于在当前厚积薄发,有望将电子战带入一个新的时代。

本套丛书即是在上述背景下组织撰写的,尽管无法一次性完备地覆盖电子战所有理论与技术,但组织撰写这套丛书本身至少可以表明这样一个事实——有一群志同道合之士,已经发愿让电子战领域有一个确定且美好的未来。

一愿生,则万缘相随。

愿心到处,必有所获。

杨小牛

2018年6月

杨小牛,中国工程院院士。

本书序一

随着军事电子信息技术的快速发展,战场电磁频谱呈现动态、多变、密集、复杂等特征,基于可重构射频和软件定义接收机/激励器等先进技术的雷达、通信系统,其信号波形呈现数字化、可编程、敏捷性、网络化、自适应等特点,给传统电子战带来了前所未有的挑战。人工智能作为一种使能技术,与电子战创新地"联姻",催生了认知电子战的新概念,使电子战变得更加聪明。它颠覆了传统电子战需要从战场上带回威胁信号,在实验室花数月研究出对抗措施,然后应用到电子战系统的能力生成模式。它使电子战在应对未知威胁和先进可编程电磁目标时,不仅能够自适应地选择对抗措施进行响应,还能通过机器学习技术,"学习"电磁威胁的行为、在线生成响应并评估对抗效果,极大提高了电子战系统的战场适应能力,缩短了反应时间。

《认知电子战原理与技术》较全面地阐述了认知电子战的概念和内涵、原理、系统架构、实现方法和技术,论述了认知电子战中的电子支援、电子干扰、效果评估的理论方法和技术,以及动态数据库的构建方法,并从雷达电子战和通信电子战两个方面,分别介绍认知电子战系统的仿真,具有较强的系统性、理论性。相信本书的出版为关心该领域技术的广大读者提供了一本有重要参考价值的专著,对促进电子战领域的技术发展起到积极的作用。

2018 年 8 月

杨学军,中国科学院院士。

本书序二

继陆、海、空、天、网之后,电磁空间正成为独立的作战空间和作战域。电子战作为赢得未来电磁频谱战的核心手段,正朝着智能化、多功能、网络化等趋势发展,其中,人工智能与电子战的结合,为电子战的侦察、干扰提供了智能引擎,使电磁空间博弈具有了认知、学习和自主对抗的能力。

认知电子战需要解决以下三个主要问题:一是如何构建认知电子战体系架构,也就是用认知引擎如何实现电子侦察、电子攻击和效果评估,并形成闭环;二是如何创新地运用人工智能理论方法,解决传统电子战没有解决的关键技术难题,如频谱行为感知、未知威胁对抗等;三是干扰效果的在线评估。

本书是国内第一本较全面、系统地介绍认知电子战原理、关键技术和应用的书籍。书中提出了认知电子战的概念和内涵,对认知电子战体系架构与关键技术,以及应用前景进行了分析。本书的出版对国内从事电子战技术研究的科研人员、在校学生具有重要的参考价值,对电子战技术发展将起到积极的推动作用。

2018 年 8 月

吕跃广,中国工程院院士。

前言

随着人工智能理论、技术的快速发展,以及功能更强大的机器学习芯片不断推出,人工智能技术与电子信息技术的跨域结合,催生了具有认知能力的电子战技术,也就是认知电子战技术。认知电子战在原先传统电子战——电子支援、电子进攻、电子防护——的内涵上增加了智能的引擎,焕发了新的战斗力,使之具有了频谱智能感知与威胁自主识别、自适应干扰决策与波形优化,以及干扰效果评估等功能,提高了电子战系统在复杂电磁环境下对未知目标威胁信号以及网络化目标的自主感知、智能干扰决策和干扰效果在线评估能力,提升了电子战观察—判断—决策—行动(OODA)环路的自适应能力和智能化水平,并缩短反应时间,实现由开环的、以人为主向闭环的、基于自主决策作战模式的转变。

第1章是绪论,介绍电子战的概念及传统电子战系统面临的挑战,及认知理论在无线电领域的应用,提出认知电子战的概念和内涵,并对其国内外研究现状、系统组成、关键技术及应用前景进行了分析。

第2章对人工智能理论进行概述,重点对监督学习、无监督学习以及强化学习三类机器学习方法进行介绍,最后介绍近年来受到广泛关注的深度学习模型。

第3章主要介绍认知电子战中的电子支援方法,即目标信号威胁感知,它是实现认知对抗首要环节。本章重点介绍基于人工智能理论的威胁感知方法,包括目标状态识别、目标行为意图推理、目标威胁等级评估等;最后以雷达对抗为例介绍认知电子战中威胁感知的具体应用。

第4章主要介绍认知电子战中的电子攻击方法——基于认知的干扰策略优

化,主要介绍三个方面的内容,针对目标多种状态的智能化干扰样式决策、针对未知威胁目标或目标未知状态的干扰波形优化以及"多对多"对抗中的自适应干扰资源调度。

第 5 章主要介绍认知电子战中的干扰效果评估方法,在实际作战中,由于被干扰对象不具有配合的属性,干扰方无法直接从被干扰对象处获取实际干扰效果,导致电子战无法形成 OODA 闭环。本章介绍基于频谱学习推理的干扰效果在线评估的思路、流程、指标体系与评估方法。

第 6 章主要介绍认知电子战中的数据库构建方法,本章针对传统电子战数据库静态固化的不足,介绍了面向认知电子战的动态威胁库与干扰库的构建方法,提出了动态威胁库与干扰库的基本组成框架。

第 7 章主要从雷达电子战和通信电子战两个方面,分别介绍认知电子战系统的仿真实例,对本书之前几章阐述的关键技术和算法进行仿真验证。

本书是作者团队近年来相关研究工作的提炼和总结,得到了高梅国教授、王祖林教授、贾鑫教授的大力支持并提出了宝贵意见,杨健、鲍雁飞、房珊瑶等同志在本书的编写过程中进行了大量的资料收集、仿真计算等工作,杨学军院士、吕跃广院士、杨小牛院士提出了宝贵的修改意见,在此表示衷心感谢!

由于作者视野和水平有限,书中难免存在不系统、不深刻,甚至错误之处,恳请从事人工智能和电子战领域的同行们批评指正。

作 者

2018 年 7 月

目 录

第 1 章 绪论 ……………………………………………………………… 1
　1.1 电子战简介 …………………………………………………………… 1
　　1.1.1 电子战的基本概念 ………………………………………………… 1
　　1.1.2 电子战的分类 …………………………………………………… 2
　　1.1.3 传统电子战系统存在的不足及其面临的挑战 ……………………… 4
　1.2 认知理论及其在无线电领域的应用 ……………………………………… 5
　　1.2.1 认知的概念和内涵 ………………………………………………… 5
　　1.2.2 认知无线电 ……………………………………………………… 6
　　1.2.3 认知雷达 ………………………………………………………… 8
　1.3 认知电子战 …………………………………………………………… 10
　　1.3.1 认知电子战的概念和内涵 ………………………………………… 10
　　1.3.2 认知电子战的研究现状 …………………………………………… 11
　　1.3.3 认知电子战的系统组成 …………………………………………… 15
　　1.3.4 认知电子战的关键技术 …………………………………………… 16
　　1.3.5 认知电子战的应用前景 …………………………………………… 23
　参考文献 …………………………………………………………………… 25

第 2 章 人工智能理论 …………………………………………………… 27
　2.1 人工智能概述 ………………………………………………………… 27
　　2.1.1 人工智能起源 …………………………………………………… 27

2.1.2　人工智能发展 ·· 28
2.2　优化方法 ·· 30
　　2.2.1　问题描述 ·· 30
　　2.2.2　无约束优化算法 ·· 31
　　2.2.3　约束优化算法 ··· 33
　　2.2.4　实例 ·· 34
2.3　机器学习 ·· 35
　　2.3.1　机器学习简述 ··· 35
　　2.3.2　监督学习 ·· 36
　　2.3.3　无监督学习 ··· 46
　　2.3.4　强化学习 ·· 47
　　2.3.5　深度学习 ·· 49
　　2.3.6　深度强化学习 ··· 53
2.4　本章小结 ·· 57
参考文献 ·· 58

第3章　目标信号的威胁感知 ·· 61
3.1　目标侦察信号处理 ··· 61
　　3.1.1　目标侦察信号处理的主要任务 ··························· 61
　　3.1.2　信号分选 ·· 62
　　3.1.3　辐射源识别 ··· 64
　　3.1.4　传统信号侦察处理的局限 ································ 65
3.2　基于机器学习的目标状态识别 ···································· 66
　　3.2.1　已知目标状态识别 ··· 66
　　3.2.2　未知目标状态识别 ··· 73
3.3　基于概率图模型的目标行为辨识 ································· 78
3.4　基于目标状态特征的威胁等级评估 ······························ 81
3.5　雷达(网)的行为特征分析与识别 ································· 83
　　3.5.1　雷达行为特征规律分析 ··································· 83
　　3.5.2　时/频/空域自适应雷达行为识别仿真及分析 ·········· 84
　　3.5.3　雷达网的工作模式感知与识别 ··························· 92
3.6　本章小结 ·· 98
参考文献 ·· 98

第4章 基于认知的干扰策略优化 · 102

4.1 干扰波形生成技术 · 102
4.1.1 数字射频存储技术 · 103
4.1.2 数字干扰合成技术 · 103
4.1.3 传统干扰波形生成技术的局限 · 105

4.2 基于强化学习的干扰样式决策 · 106
4.2.1 强化学习算法 · 107
4.2.2 算法学习效率的优化 · 110
4.2.3 应用举例 · 114

4.3 自适应的干扰波形优化 · 117
4.3.1 智能优化算法 · 118
4.3.2 算法在波形优化设计中的应用 · 123
4.3.3 举例仿真 · 124

4.4 干扰资源调度技术及其在认知电子战中的应用 · 126
4.4.1 差额法的概念和原理 · 127
4.4.2 "一对一"干扰资源调度算法 · 127
4.4.3 "多对多"干扰资源调度算法 · 130
4.4.4 差额法在认知电子战中的应用 · 132

4.5 本章小结 · 135
参考文献 · 135

第5章 干扰效果的在线评估 · 138

5.1 干扰效果在线评估的基本思路 · 139
5.2 干扰效果在线评估的基本流程 · 140
5.3 干扰效果在线评估的指标体系 · 141
5.4 干扰效果综合评估方法 · 144
5.4.1 层次分析法 · 144
5.4.2 灰色层次分析法 · 150
5.4.3 灰色聚类评估法 · 154
5.4.4 ADC评估法 · 156
5.4.5 基于机器学习的综合评估法 · 158

5.5 本章小结 · 159
参考文献 · 159

第6章 动态数据库构建 161
6.1 动态数据库的构建思路 161
6.2 动态威胁库的构建 163
6.2.1 动态威胁库的组成要素和结构体系 163
6.2.2 动态威胁库的更新规则与方法 164
6.3 干扰规则库的构建 165
6.3.1 干扰规则库的组成要素和结构体系 166
6.3.2 干扰规则库的更新规则与方法 168
6.3.3 动态威胁库和干扰规则库的相互关联性 168
6.4 本章小结 170
参考文献 171

第7章 认知电子战仿真实例介绍 172
7.1 认知雷达对抗仿真实例 172
7.1.1 仿真软件简介 172
7.1.2 仿真结果及分析 175
7.2 认知通信对抗仿真实例 179
7.2.1 仿真软件简介 179
7.2.2 关键算法 180
7.2.3 仿真结果及分析 182
参考文献 190

缩略语 191

第 1 章  绪 论

本章首先介绍电子战的概念、分类以及传统电子战系统存在的不足和面临的挑战;然后通过介绍认知理论的概念和内涵,引出其在无线电领域的应用,包括认知无线电和认知雷达;最后将认知理论应用于电子战中,提出认知电子战的概念和内涵,并对其国内外研究现状、系统组成、关键技术及应用前景进行分析。

1.1 电子战简介

1.1.1 电子战的基本概念

电子战(EW)也称为电子对抗(ECM),其内涵是随着电子技术的发展和在军事上的应用不断深化和完善的。关于电子战,国际上存在着多种不同的定义方式。美国学者 David Adamy 给出了一种较为简洁且易于理解的定义:"电子战是为确保我方使用电磁频谱,同时阻止敌方使用电磁频谱所采取的战术与技术。"[1]国内对电子战较为完善的定义是:"利用电磁能、定向能、水声能等的技术手段,确定、扰乱、削弱、破坏、摧毁敌方电子信息系统、电子设备等,同时保护我方电子信息系统、电子设备的正常使用而采取的各种战术措施和行动。"[2]

电子战初登历史舞台可以追溯到第一次世界大战时期,之后,随着战争形态的变化和科学技术进步的推动,电子战大致经历了初创、形成和发展三个阶段。时至今日,电子战已经成为现代化战争中的主要作战手段,属于敌我双方在电磁频谱领域的斗争[3]。

综合国内外的多种定义方式,本书将现代电子战的特点总结如下:
1) 电子战是敌我双方的一种动态博弈

电子战总是包含电子对抗与电子反对抗(ECCM)这两个相互矛盾的方面。电子对抗与电子反对抗之间的对峙永无止境,没有永恒的胜者。电子战中对抗双方

的博弈斗争,必然是一个相互识别、相互躲避的动态过程,没有绝对的优势和劣势,关键在于能否更多地掌握对方的特征,并在此基础上实施正确的战术。这也恰恰体现了发展认知电子战的必要性。

2) 现代电子战往往在复杂电磁信号环境中进行

电子战的所有行动都是在电磁空间上起作用的,谁能够占有更广阔的电磁空间,谁就能够占有电子战的主动权。狭义的电磁空间可以理解为电磁频谱,一切无线电的传播和处理都需要占用电磁频谱,因此电磁频谱就是电子战双方争夺的核心资源[4]。现代电子战所面临的电磁环境日趋复杂,辐射源数量多、信号密度大、电磁信号复杂多变,电磁频谱的争夺日趋激烈,这就迫切需要探索新的技术以占得电子战的先机。

3) 电子战的作战范围广泛、作战手段多样

电子战具有许多技术分支,而且是一个多学科综合技术,包括射频对抗、光电对抗、声电对抗等。另外,电子战可以使用从电子干扰到火力打击等一切可用于争夺电磁空间的手段,并且随着战术与战法的不断创新,电子战的作战手段还将愈加丰富。

1.1.2 电子战的分类

按照不同的原则,电子战有多种不同的分类方式,本书主要从电子战的任务目的和对抗目标两方面进行介绍。

1.1.2.1 根据任务目的进行分类

按照任务目的,一般将电子战分为电子支援(ES)、电子攻击(EA)以及电子防护(EP)3类。

电子支援是指提供情报支援的各种电子战行动,包括搜索、截获、定位、识别与分析敌方电子设备辐射的电磁能量,其目的是为我方实施其他作战行动(如威胁告警、目标截获和寻的等)提供所需的电子战信息。电子支援的措施主要包括两个部分:一是电子侦察,即截获电磁空间中的感兴趣信号并测量其参数;二是测向与定位,即估计辐射源的空间方位。

电子攻击是为了削弱或破坏敌方电子设备效能而采取的电子技术措施。其中,电子干扰是最常用也是最经典的电子攻击方式。电子干扰是为使敌方电子设备和系统丧失或降低效能所采取的电波扰乱措施,大体上可分为压制性干扰和欺骗性干扰两大类。压制性干扰又称为遮盖性干扰,通过发射功率较大的干扰信号使得对方接收到的回波信号淹没在干扰信号中,难以从中检测目标是否存在,从而降低检测概率。欺骗性干扰通过模仿有用信号向敌方接收端传递虚假信息,使其

不能获得正确的目标信息,导致虚警率增大或对目标测量跟踪精度降低。

电子防护是为了保护我方电子设备免受敌方侦察、干扰、定位和摧毁而采取的各种电子技术措施。电子防护包括抗干扰、反侦察、抗摧毁等多种技术和措施,常用的措施主要有发射控制、低截获概率通信、跳频通信、屏蔽式干扰等。

1.1.2.2 根据对抗目标进行分类

按照对抗的目标,可将电子战分为通信电子战、雷达电子战、光电电子战。与电子战大概念类似,每一种电子战形式均包括电子支援、电子攻击、电子防护3个部分。

通信电子战是敌对双方围绕通信系统展开的电磁领域的对抗。①通信电子支援是为通信电子战及上级决策提供情报支撑的信号探测与侦察行动,大致分为测频和测向定位两部分,分别用来确定目标的工作频率和空间方位。②通信电子攻击的目的在于破坏敌方通信接收机对通信信号的正常接收。③在通信电子防护方面,跳频通信是一种常用的措施,而低截获概率通信则是在信号调制技术上做文章,以扩展发射信号频带的途径降低其被截获的概率。

雷达是信息化战场和武器系统中最重要的装备。①雷达电子战中的电子支援主要是指雷达侦察,它利用电子侦察设备对雷达的工作特性及部署等信息进行搜集和处理。按照侦察的任务,可将雷达侦察分为5类:电子情报侦察(ELINT)、电子支援措施(ESM)、雷达告警接收机(RWR)、引导干扰以及引导杀伤性武器[5]。②雷达电子攻击是利用电子干扰及与雷达相关的杀伤性武器对目标雷达实施的进攻行动。其中,杀伤性武器主要指反辐射武器,包括反辐射导弹、反辐射无人机等。③在雷达电子防护方面,对应传统体制的雷达,常用的技术有频率捷变、脉冲压缩等;相控阵雷达还能够通过自适应波束形成来抑制干扰。另外,设置诱饵是雷达抵御反辐射攻击的有效方法。

位于光波段的电子战称为光电电子战,是电子战中一个兴起较晚但发展甚为迅速的分支。光电电子战包括光电侦察、光电干扰和光电防护3个方面。①光电侦察的具体方法很多,概括起来有两大类,即"被动侦察"和"主动侦察"。如果被侦察的目标本身有光电辐射,则这种侦察属于被动侦察;而主动侦察则是指利用光电装备的光学特性进行的侦察。②光电干扰可分为积极干扰和消极干扰两类。积极干扰即瞄准对方光电接收系统的传感器,令其错误工作或无法工作,以致彻底将它摧毁;消极干扰是指采用涂料、烟雾等无源方法掩盖目标的真实特性,使对方的侦察设备产生错觉甚至失灵。③光电防护是指防御敌方对我方光电装备的发现、探测、干扰、摧毁而采取的相应措施。

本书之后章节中如无特殊说明,统一将作战对象表述为"对抗目标""目标辐射源"或"威胁辐射源"。

1.1.3 传统电子战系统存在的不足及其面临的挑战

随着信息技术的不断发展,信号环境的复杂化,对抗目标的智能化、网络化,以及抗截获、抗干扰新技术的发展应用,传统的电子战系统面临着严峻的挑战。

1.1.3.1 复杂电磁环境下对目标信号的威胁感知难度增大

电磁信息是联系陆、海、空、天四维战场的信息纽带。随着现代军事电子技术的发展,电磁设备的种类与数量呈现指数级别发展。在现代战场环境中,雷达探测、光电探测、电子侦察、电子干扰等各类电子设备的使用,都极大地加剧了战场电磁环境的复杂性,一部电子战设备可能同时受到几十部甚至上百部电子设备的电磁辐射,要从这些海量信号中迅速截获、分选并识别威胁辐射源,并对威胁辐射源实施有效的电子攻击,对电子对抗系统而言是极大的挑战。

1.1.3.2 人工智能、认知技术的发展推动电子信息设备的智能化程度不断提升

基于"认知"的自适应电子信息设备的研究成为当今时代的一个重要发展方向。新一代具有认知能力的自适应电子信息设备将充分利用其对环境感知的能力,在发射与接收之间形成一个闭环,使其可以根据环境(包括杂波、地理环境、干扰等)实时地对工作模式、发射参数、处理过程等进行调整,大大提高了系统各方面的性能。在人工智能、软件无线电、认知无线电等技术的推动下,对抗目标系统的智能化程度不断提高,更注重对电磁环境的自主感知能力与快速应变能力,由此逐渐拉开了电子战装备的技术差距。针对先进的具备认知能力的目标系统,传统的电子对抗设备的智能化水平与对抗目标存在着严重的不对等,对抗效果将会被极大地削弱甚至完全失效。因此,如何有效对抗智能化的自适应电子信息系统,是目前电子对抗领域亟待解决的问题。

1.1.3.3 对目标组网信息系统的对抗具有迫切需求

雷达、通信等战场信息系统组网化的趋势,对于发展新型电子对抗装备提出了更为急迫的需求。例如:传统的雷达干扰方式只能压制雷达网中的一部或部分雷达,而整个雷达网可通过多个雷达传感器的信息融合,消除干扰的影响;传统通信干扰方式只能压制通信网络中的部分链路,网络中的节点依靠链路迂回依然可正常通信。面对组网信息系统,迫切需要对抗方发展智能化的对抗技术对组网系统行为进行辨识,以便可针对性地采取对抗措施,及时发现并攻击目标组网系统的关键节点和要害分系统。

综上所述,为了提高电子对抗系统的战场生存能力,要求新型电子对抗系统必须同样具备自适应与智能化的特点。电子战中对抗双方的博弈斗争是一个相互识别、相互躲避的动态过程,电子战装备只有具备"边对抗边学习"的能力,通过对对

手反馈状态的辨识及时调整我方的应对策略,才能掌握未来电子战中的主动权。基于认知理论的电子战技术,将成为电子对抗装备应对上述挑战的有效技术途径。

1.2 认知理论及其在无线电领域的应用

1.2.1 认知的概念和内涵

认知(Cognition)是指人认识外界事物的过程,或者说是对作用于人的感觉器官的外界事物进行信息加工的过程,即个体对感觉到的信号进行接收、检测、转换、合成、编码、储存、提取、重建、概念形成、判断和问题解决的信息加工处理过程。

美国国立卫生研究院(NIH)和国立精神卫生研究院(NIMH)给出的定义为:认知是人们认识其所处环境的有意识的心理活动。认知行为包括:感觉、思考、推理、判断、问题解答和记忆。认知是智能性的体现。在心理学中,认知是指通过形成概念、知觉、判断或想象等心理活动来获取知识的过程,即个体思维进行信息处理的心理功能。

总之,认知是用来描述具有生命特征物种的专用词汇,如果将其借用于没有生命特征的物体或机器,则其主要动力来源于"人工智能"学科的发展,逐渐给"机器"赋予了一定的生命特征,出现了"人工生命""智能机器"这样的新事物。如果将认知思想应用到无线电领域,其所形成的认知系统特性可以与生物认知特性之间构成映射关系,如表 1.1 所列。

表 1.1 生物认知特性与系统认知特性的映射关系

生物认知特性	系统认知特性
感觉	感知
思考、推理、问题解答	机器学习算法、基于规则的推理、自适应算法
判断	评估
记忆	动态知识库

美国佐治亚技术研究所的认知推理和表示体系结构项目提出了一种典型的水平分层认知系统抽象模型[6],如图 1.1 所示,该图描述了认知推理的 3 个层次:反应性推理过程、协商性推理过程、思考性推理过程。反应性推理过程指的是仅通过一次学习就能自动执行的简单、快速的决策方式;协商性推理过程是一种需要更多知识、更复杂处理能力的过程;思考性推理过程则是一种元认知过程,对系统给出的决策/解决方案进行推理。认知系统中的短期存储器存储的是有关当前状态、当前正在解决的问题的信息;而长期存储器则存储系统推理所需的领域知

识和背景知识。

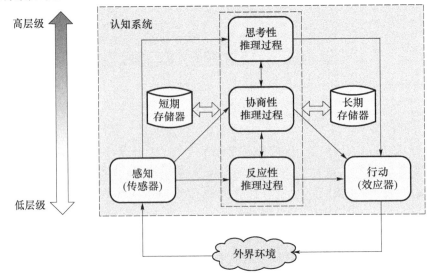

图 1.1 一种典型的水平分层认知系统抽象模型（见彩图）

总体来讲，认知系统应包含以下 4 种能力：

（1）环境感知能力：无论是直接的还是间接的，认知系统应能够从复杂环境中快速获取信息。

（2）学习推理能力：认知系统应能够根据感知信息或环境变化快速进行自主学习并触发智能改变而进行自适应的调整。

（3）评估判断能力：认知系统应能够对智能改变所产生的结果进行实时评估并反馈。

（4）存储记忆能力：认知系统应能够对产生有效改变所对应的环境感知信息和自适应调整参数进行实时存储。

1.2.2 认知无线电

1.2.2.1 概念提出

认知无线电（CR）的概念是由瑞典皇家技术学院的 Joseph Mitola 博士和 Gerald Q. Maguire 教授于 1999 年 8 月在 *IEEE Personal Communications* 杂志上发表的文章中明确提出来的[7]。

认知无线电是一种以软件无线电为平台的智能无线通信技术，它能够感知周围的环境，使用累积理解的方法从周围环境中逐步学习，通过无线电知识描述语言（RKRL）与通信网络进行智能交流，根据射频输入激励的变化实时改变传输参数，自动捕获和感知周围无线信道信息,标识特定时间和空间内未使用的频谱资源,使系统的通信规则与输入的射频激励相适应,确保无论何时何地都可以进行高度可靠的通信和无线频谱的有效利用。它通过频谱感知技术了解周围的电磁环境来发现空闲频段并加以利用,同时确保授权用户未来能够正常使用该频段。

1.2.2.2 基本特征

认知无线电具备认知能力和重构能力两个基本特征。

认知能力使认知无线电能够从其工作的无线环境中捕获或者感知信息,从而可以标识特定时间和空间内未使用的频谱资源(频谱空穴),并选择最适当的频谱和工作参数。这一任务主要包括频谱感知、频谱分析和频谱决策3个步骤。频谱感知的主要功能是监测可用频段、检测频谱空穴;频谱分析的任务是估计频谱感知获取的频谱空穴特性;而频谱决策则根据频谱空穴的特性和用户需求选择合适的频段传输数据。

重构能力使得认知无线电设备可以根据无线环境动态编程,从而允许认知无线电设备采用不同的无线传输技术收发数据。在不对频谱授权用户产生有害干扰的前提下,利用授权系统的空闲频谱提供可靠的通信服务,这是重构的核心思想。当该频段被授权用户使用时,认知无线电有两种应对方式:一是切换到其他空闲频段进行通信;二是继续使用该频段,但改变发射功率或者调制方案,以避免对授权用户造成有害干扰。

1.2.2.3 关键技术

认知无线电物理层的关键技术包括宽带射频前端技术、频谱感知技术以及数据传输技术[8]。

为了提供宽带频谱感知能力,认知无线电的射频前端必须能够调谐到大频谱范围内的任意频带。通用的宽带射频前端一般包括信号放大、混频、A/D转换等步骤。针对认知无线电的应用,宽带射频前端所面临的主要难题是射频前端需要在大的动态范围内检测弱信号。

频谱感知技术是认知无线电应用的基础和前提。现有的频谱感知技术可以分为单节点感知和协同感知两类。单节点感知是指单个节点根据本地的无线射频环境进行频谱特性标识,其主要方法包括匹配滤波、能量检测和周期性检测3种。协同感知是通过数据融合,基于多个节点的感知结果进行综合判决。协同感知可以采用集中式或分布式方式进行。集中式协同感知是指各个感知节点将本地感知结果送到基站或接入点统一进行数据融合,做出决策;分布式协同感知则是指各节点间相互交换感知信息,各个节点独自决策。

数据传输技术对于认知无线电实现利用空闲频谱进行通信从而整体上提高频

谱利用率的主要目标起着至关重要的作用。目前,认知无线电实现频谱自适应数据传输主要有两种途径:采用多载波技术和设计合理的基带信号发射波形。

1.2.3 认知雷达

1.2.3.1 概念的提出

加拿大著名信号处理专家Simon Haykin教授在1991年召开的IEEE国际雷达会议上,首次提出了"雷达视觉(Radar Vision)"的概念[9],这一概念指出了传统的自适应雷达信号处理存在以下3个方面的不足:①没有对雷达工作环境的时空信息给予充分的关注;②没有充分利用环境的数学模型知识或先验知识;③缺少从接收机到发射机的物理反馈回路,从而无法将雷达设计成一个可以根据感知到的周围环境的变化而自适应调整自身状态的智能雷达系统。在雷达视觉的基础上,受蝙蝠回声定位系统启发,Simon Haykin教授于2006年正式提出了认知雷达(Cognitive Radar)的概念,并明确指出具有认知功能是新一代雷达系统的重要标志[10]。

蝙蝠回声定位系统具有很高的认知性,可以在目标跟踪的不同阶段改变发射声波的脉冲参数。蝙蝠在捕猎的过程中,根据目标所处的位置和状态,采用不同频率和波形的声波对猎物进行搜索、跟踪和捕获。在搜索阶段,蝙蝠使用低频、长周期的声波搜寻目标。当有目标出现时,它改用频率较高、周期较短的声波对目标进行识别,同时估计目标的方位和飞行速度。一旦目标被确定,蝙蝠再次改变声波的频率和波形,开始对目标进行捕获。这时,它不再对目标特征感兴趣,而是关注目标的精确位置和运动规律。

认知雷达受蝙蝠回声定位系统的启发,将脑科学和人工智能融入雷达系统,通过对周围电磁环境的历史和当前状况进行检测、分析、学习、推理和规划,利用相应结果自适应调整系统的接收和发射,使用最适合的系统配置(包括频率、信号形式、发射功率和信号处理方式等)完成复杂环境中的目标定位,赋予了雷达系统感知环境、理解环境、学习、推理并判断决策的能力。也就是说,认知雷达能不断地感知周围的环境,利用它与环境间不断交互得到的知识,相应地调整接收机和发射机,从而自适应地探测目标。因此,认知雷达技术的出现为复杂电磁环境中各种空间目标的探测提供了新思路。

1.2.3.2 基本特征

根据认知的定义,认知雷达必须具有以下几种能力:①感知环境的能力;②智能信号处理的能力;③存储记忆能力(存储器和环境数据库);④从接收机到发射机的闭环反馈能力。因此,认知雷达的本质是:通过与环境不断地交互而理解环境并适应环境的闭环雷达系统。

认知雷达是一个动态闭环的处理过程,通过接收机对电磁环境的分析自适应地控制发射机,实现对电磁环境的反控制,达到电磁环境—接收机—发射机—电磁环境的闭环过程。Simon Haykin 教授给出了典型的认知雷达闭环反馈结构,如图 1.2 所示。

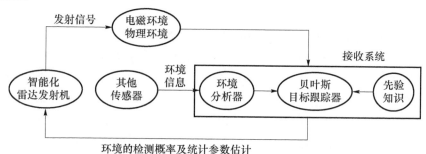

图 1.2 认知雷达的闭环反馈结构

从认知雷达系统闭环反馈结构可以看出,认知雷达的发射模式和传统雷达有着很大的区别。传统雷达发射波形基本上与环境无关,每次发射都是重复同样的波形。而认知雷达在发射端,每次都会根据获取的信息改变发射波形,以实现和环境的最佳匹配。环境分析器为接收机提供环境分析的结果,这些信息主要是雷达回波和其他环境信息(如环境的温度、湿度等),为接收机对目标做出判定提供依据。贝叶斯跟踪器按照环境分析器提供的环境信息以及先验知识(包括地形、非合作目标特性等),持续对目标存在的可能性进行判断。接收系统对雷达数据进行统计分析,明确了杂波和目标的模型,然后接收系统将这些信息反馈给发射机,发射机根据该信息调整发射信号参数,再次照射环境目标,如此循环往复。

1.2.3.3 关键技术

认知雷达涉及的关键技术主要包括波形最优化技术、环境感知与描述技术、自治操作与管理技术等。

波形最优化技术主要包括两方面内容:波形选择最优化和波形设计最优化。波形选择最优化是指在雷达没有工作时设计好相应的波形、具体的波形参数值及波形库;雷达工作时根据当前所处的工作环境从波形库中选择与本系统相匹配的波形及波形参数。波形设计最优化是根据当前环境来设计自适应波形或设置波形参数。在雷达工作时,波形选择必须在整个波形库内搜索最优波形从而获得最优性能。在最优化的过程中是通过目标函数作为依据来形成一定的性能准则。雷达工作过程中所要参照的基准函数根据不同的工作阶段有所不同,例如:在目标检测阶段,可根据检测概率、检测时间、信号与杂波检测间的相关性、多普勒频率上的平均偏差系数等参数设计优化目标函数;而在目标识别阶段,则需要考虑目标类别间的距离测度、目标与回波信号间的互时宽限制信息、对目标冲激响应的估计误差等参数。

环境感知与描述技术对于认知雷达系统的构建至关重要,是认知雷达实现的基础。建立准确的模型可回答雷达感知什么、感知的信息如何表示等问题。利用雷达回波感知场景信息的知识获取方式属于一种"outside in"型认知,其优势在于可以获得环境当前的信息。理论上讲,先进的在线学习方法有望摆脱人工控制,同时在线学习方法不需要存储与当前操作无关的数据,对存储器没有过多要求。与之对应,认知雷达的另外一种认知过程为"inside out",这种认知过程通过离线学习实现,需要人工干预,通过离线学习构建的知识库具有容量大、内容丰富的特点。这要求认知雷达解决两个问题:①接收机系统要包含大容量的存储器,以存储各种类型的先验知识;②雷达接收机要具有根据当前雷达的工作模式及环境标识快速搜索与之匹配的先验信息的能力。这两点对雷达的硬件配置及软件算法都提出了挑战。

认知雷达中的自治操作与管理技术能够保证认知功能成为一个独立工作的系统。一方面,在认知雷达的很多模块内都会引入自适应算法和智能算法,但这些算法如果独立工作,则很难实现系统所期望的性能。各个独立的功能之间必须彼此合作才能进一步提高系统性能,因此需要研究如何实现各智能处理环节的协调合作技术。另一方面,希望在人与雷达组成的一个工作系统内人的作用越来越小,甚至将来完全被雷达取代。这就要求雷达具有推断、决策等能力,能自主完成任务部署与转换,并能重新配置资源。

1.3 认知电子战

1.3.1 认知电子战的概念和内涵

虽然目前还没有"认知电子战"公认的标准定义,但在理解了"认知"一词的基础上,本书将认知电子战定义为:以具备认知性能的电子战装备为基础,注重自主交互式的电磁环境学习能力与动态智能化的对抗任务处理能力的电子战形态,实现将电子战从"人工认知"向"机器认知"的升级。其中,认知电子战装备的定义为:一种具有通过先验知识以及自主交互学习来感知并改变周围局部电磁环境能力的智能、动态的闭环系统,可在实时感知电磁环境的基础上,高效自主调整干扰发射机与接收机以适应电磁环境的变化,提高干扰的快速反应能力与可靠性[11]。装备认知能力的提升集中体现了认知电子战的根本属性,并作为显著特点区别于传统电子战。

本书将认知电子战的基本特征归纳为:感知环境、适应新威胁、避免自扰、波形多变、协同工作、攻击不限于物理层(包括物理层、控制层、用户层)以及具备学习能力。其认知的过程是一种 OODA 循环。学习能力在循环过程的每个环节中都发挥着作用,是认知电子战最重要的功能。也有学者认为,认知电子战作战过程在常规 OODA 环路中加入学习(Learn)和规划(Plan)两个环节:学习贯穿于OODA 环路的各个环节,而规划则具有指挥的含义,体现了认知电子战的整体作战体系。

1.3.2 认知电子战的研究现状

美国最先意识到认知技术给电子战带来的机遇和挑战,从 2010 年起,美军以提高装备认知能力为核心思想,提出了"认知电子战"的概念,并陆续开展了关于认知电子战技术的研究。美国空军实验室在 2012 年 3 月的老乌鸦会议上提出了认知电子战的能力与特点,如图 1.3 所示。从图中可见,认知电子战的主要特点与能力包括:①感知、学习和自适应的相互结合;②电子支援、电子攻击和电子防护的综合集成;③综合作用于雷达、通信和网络。

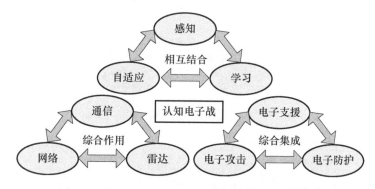

图 1.3　美国空军实验室提出的认知电子战的特点

目前,美军各军种都有各自的电子战项目规划,如国防部高级研究计划局(DARPA)的自适应电子战行为学习项目、自适应雷达对抗项目和极端射频频谱条件下的通信项目,空军的认知干扰机项目,陆军的"城市军刀"项目以及海军研究办公室发布的认知电子战计划等。

1.3.2.1　自适应电子战行为学习项目

2010 年 7 月 9 日,DARPA 发布了"自适应电子战行为学习(BLADE)"项目公告,旨在对已知、未知的无线通信系统进行检测、描述、分类并生成对抗措施。

该项目将开发一种组网式的电子攻击系统,能实时检测、分析无线通信威胁,对战场新出现的无线通信威胁进行自动干扰。其核心功能模块包括:

(1)信号检测及特征描述模块:主要完成在超宽频谱范围和高密度杂波环境下检测新型通信威胁,并对观测到的信号进行威胁识别,将其分类为已知威胁或未知的新型威胁。

(2)干扰波形优化模块:主要功能是自动地生成可有效干扰已检测到的通信威胁的对抗措施。

(3)战场损坏程度评估模块:重点研究不对威胁信号源进行物理访问而进行干扰效果评估的方法。

BLADE 项目的顶层推理结构如图 1.4 所示,其本质是一种基于案例的学习与推理器。若有需要,可以将战损评估(BDA)信息反馈给推理器,以告知其所选的对抗措施是否成功,从而更新案例库。

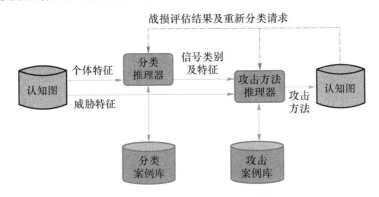

图 1.4　BLADE 项目的顶层推理结构[6](见彩图)

BLADE 项目首次将"认知无线电"原理应用于通信电子战领域,对通信电子战的发展具有革命性的意义。

1.3.2.2　自适应雷达对抗项目

DARPA 在 2012 年 7 月启动了一项为期 5 年的"自适应雷达对抗(ARC)"研究项目,寻求研发能够对抗敌方自适应雷达系统的机载电子战能力。ARC 项目的目的在于研发在战术相关时间范围内,基于可观测信号对自适应雷达威胁的对抗能力。自适应雷达威胁是指具有新型、未知或不确定波形和行为的敌方雷达,尤其是多功能地空和空空相控阵雷达,这些雷达具有监视、截获、跟踪、非协同目标识别、导弹跟踪等多种功能,并在波束控制、波形、相干处理周期特征上高度捷变。

ARC 系统的核心功能模块包括:

（1）信号分析及特征描述模块：主要完成脉冲辐射源识别、雷达功能决策（搜索、捕获、跟踪、识别等）、雷达意图决策、雷达行为数据库构建等功能。

（2）干扰对策合成模块：根据上一模块提供的当前威胁环境，快速生成动作序列来达到预期的对抗效果。

（3）对抗效果评估模块：基于可观测的无线信号的变化（如波束指向角偏差、回访速率、带宽等）进行评估，该模块的另一项任务是学习雷达的电子反对抗模式，即雷达受到电子攻击时发生的状态转移，该模块可以向对策合成模块提供反馈，从而继续优化对抗措施。

文献[6]给出了一种对抗新型雷达波形的认知电子战体系结构，如图1.5所示：第一步是信号分类与特征描述；第二步是对抗措施合成。聚类模块将雷达信号生成"脉冲描述字（PDW）"，然后将其送入特征提取器，接下来，将提取的特征传输给基于案例的推理模块和贝叶斯网络模块，二者分别输出对抗措施类别和辐射源类型、工作模式、行为意图，最后通过模糊推理模块完成对抗措施的合成。

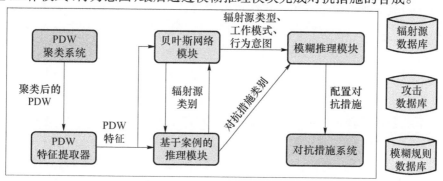

图1.5　对抗新型雷达波形的认知电子战体系结构[6]（见彩图）

1.3.2.3　认知干扰机项目

2010年1月20日，美国空军实验室发布"认知干扰机（CJ）"项目公告，旨在开发一套多功能、灵活的第一代认知干扰机体系结构，以对付那些采用了动态频谱接入的软件无线电或认知无线电电台。认知干扰机的目的是通过改善干扰效果同时使自扰最小化来提高频谱优势，最终将"传感、学习、适应、行动"的时间从"数天到数月"缩短到"数秒到数分"。

认知干扰机项目的研究目标包括：①开发能够节省平均辐射功率的高效干扰技术；②开发能够学习和跟踪目标波形的干扰技术；③研究如何通过学习和运用知识来对抗智能辐射源，例如采用动态频谱接入的认知无线电；④利用博弈论来优化干扰机设计，以适应多种波形；⑤研究新型电子攻击手段；等等。

认知干扰机项目强调学习的效率以及动态调整策略，可以认为是一种高效的、具备环境学习能力和动态智能调整能力的电子对抗技术。

1.3.2.4 极端射频频谱条件下的通信项目

DARPA 于 2010 年发布极端射频频谱条件下的通信（CommEx）项目，其目标是研发新型的自适应通信技术和通信手段，使得对抗系统能够在剧烈干扰条件下应对多种自适应干扰和干扰源。该项目旨在开发遭受干扰压制情况下的通信自适应能力和灵活性，即"认知化"的通信防护系统。研究内容包括：系统干扰特性及行为分析、频率与时间捷变、智能天线技术、先进电路及部件设计、新型接收机架构、非线性的自适应信号处理技术、自适应调制及误差控制、自适应组网、网络拓扑结构以及多链路和多组网通信技术。

1.3.2.5 美国海军的认知电子战计划

该计划由美国海军 2013 年发布，主要任务包括自适应认知电子战技术、高吞吐量和快速可编程电子战系统技术、自适应的电子战仿真环境和创新电子战概念。自适应认知电子战将包括应用自适应机器学习算法取代传统的静态辐射源数据库和预编程对抗措施，以对抗那些波形带宽灵活、功能多样、具备电子保护模式的电子战系统。主要研究领域包括频谱知识感知与积累、频谱学习、频谱推理、频谱攻击等。

1.3.2.6 各项目进展情况

美军的各项认知电子战项目在 2016 年取得了实质性进展，尤其是 BLADE 项目的作战演示更是将该领域推上了一个新台阶。主要体现在以下方面：

（1）2016 年 2 月 29 日，美国《国家利益》双月刊网站发文章称，DARPA 正致力于开发基于人工智能的新型电子战系统，以对抗俄罗斯与中国功能日益强大的雷达。

（2）2016 年 3 月，在美国众议院武装部队委员会（HASC）举行的"创新国防以构建未来军事力量"听证会上，DARPA 强调其正与各军种协调以便将认知电子战能力部署到 F-18、F-35、陆军多功能电子战项目、海军下一代干扰机等。

（3）2016 年 5 月 26 日，美国《航空周刊》报道，DARPA 正在向客户移交根据 CommEx 项目开发的技术，且五角大楼决定将这一技术整合到 Link-16 数据链中，以保护广泛使用的战术数据链免受干扰。

（4）2016 年 5 月 31 日，英国《简氏防务评论》报道，美国海军目前正在研究将 BLADE 项目开发的技术应用于反简易爆炸装置中，并将 BLADE 项目和 ARC 项目开发的算法应用到 EA-18G"咆哮者"电子战飞机上。

（5）2016 年 6 月 20 日，洛克希德·马丁公司宣布，该公司先进技术实验室和 DARPA 成功地在政府试验靶场进行了一系列的飞行试验，演示了 BLADE 系统面对频谱挑战更智能地进行频谱作战的能力。在试验中,雷声公司验证了其开发的下一代电子战系统——"消音器(Silencer)",其上安装了 BLADE 机器学习软件。

(6) 2016 年 6 月,BAE 系统公司获得一份价值 1340 万美元的 ARC 项目第三阶段合同,在第一阶段算法开发和组件级测试以及第二阶段半实物仿真测试的基础上,提升项目测试的复杂性和真实性。

1.3.3 认知电子战的系统组成

文献[12]和文献[13]指出认知电子战系统主要包含 4 个功能模块,即认知侦察模块、对抗措施合成模块、智能干扰模块和动态知识库模块,其系统组成框图如图 1.6 所示。认知侦察模块接收到信号后,基于动态知识库采用机器学习算法将该信号分类,分析出该信号的特征,并将特征信息传给对抗措施合成模块。对抗措施合成模块根据认知侦察结果及学习信息进行攻击策略搜索,推导对抗场景下最佳攻击策略,同时优化干扰波形、自适应分配干扰资源。智能干扰模块能根据威胁信号在我方干扰下产生的明显变化评估干扰效果,同时结合动态知识库自适应优化干扰策略。动态知识库模块为其他 3 个功能模块提供对应的环境、目标、资源策略等知识,并根据 3 个模块的处理结果进行动态更新。

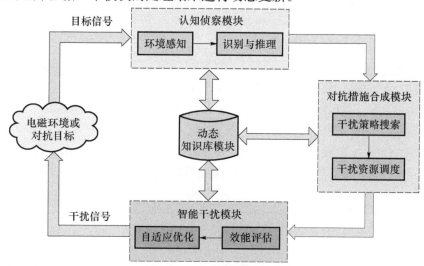

图 1.6 认知电子战系统组成框图(见彩图)

1.3.3.1 认知侦察模块

认知电子战对环境的认知是通过与环境不断交互得来的,它持续对电磁环境和目标的统计特性进行分析,并依据不同电磁环境和目标的特点选择合适的信号处理方式。

由图1.6可以看出,环境感知是认知侦察模块的首要步骤,它通过环境分析器对周围的威胁环境进行识别、分析,进而为接收机提供环境分析结果,通过战场环境感知与建模为侦察模块对目标的识别提供依据。认知侦察模块通过自适应信号处理算法分析出目标信号的特征,并将特征信息传送给对抗措施合成模块和智能干扰模块。

1.3.3.2 对抗措施合成模块

认知电子战系统对电磁环境的认知、推理能力使其能更有效地应对复杂的电磁环境以及各种对抗目标。对抗措施合成模块根据认知侦察模块提供的环境信息更新决策数据库,同时自动合成能够有效打击目标的对抗手段。另一方面,在多目标干扰的情况下,对抗措施合成模块采用智能优化算法自动地解决干扰资源调度问题,减少人工参与,提高系统效率。

1.3.3.3 智能干扰模块

智能干扰模块实时接收认知侦察模块发送的无源、有源探测信息以及认知信息,在线给出威胁信号在我方干扰下产生的明显变化,并进行干扰效能评估,从而进一步推断威胁目标的真实性。同时制定有针对性的电子攻击方法,基于有效的干扰优化方法优化干扰参数和干扰波形。

1.3.3.4 动态知识库模块

认知电子战系统的主要特征之一是采用动态知识库代替传统的辐射源数据库和预编程对抗措施。动态知识库为认知侦察模块、对抗措施合成模块、智能干扰模块提供先验知识,并利用反馈信息进行认知学习,从而实现自我更新。

信息表征与学习是动态知识库的基础,认知电子战中的动态知识库除了要描述目标信号的基本参数(如频率、脉宽、波形、功率等)之外,还应增加识别信息、定位信息、电子防护模式信息、作战功能信息、意图信息、网络拓扑信息等认知推理信息。

1.3.4 认知电子战的关键技术

传统的电子对抗系统实现流程图如图1.7所示,干扰方在干扰目标信号参数测量的基础上,依据一定的先验信息,进行相应的干扰资源调度。干扰方实际无法得知干扰的效果如何,更无法动态地根据对抗环境和干扰目标的变化做出相应的干扰调度策略调整,所以干扰方的对抗是相对静止的,干扰效率较低。

认知电子战的基本特征是干扰系统可以从威胁环境中侦察、分选出目标信号,然后通过对干扰目标的参数测量和状态辨识,掌握当前所用干扰信号的反馈情况

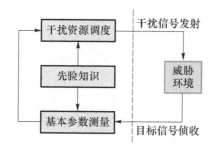

图 1.7　传统的电子对抗系统实现流程图

和干扰目标不同状态的转换情况,对干扰效能进行评估,经过干扰策略优化后可对后续的干扰资源调度进行引导,从而使得干扰更具有主动性和针对性。相应的认知电子战实现流程图如图 1.8 所示。

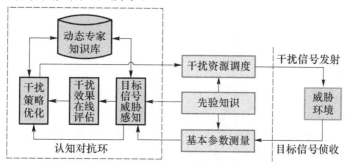

图 1.8　认知电子战系统实现流程图(见彩图)

相比于传统电子战,流程图中新增的认知对抗环是支撑系统认知对抗能力的核心,也是认知电子战必须解决的关键技术,具体包括:目标信号的威胁感知、基于认知的干扰策略优化、干扰效果在线评估以及动态专家知识库构建。

本节从技术内涵、要解决的问题、基本方法及难点等方面分别对各个关键技术进行介绍,其中基本方法中所涉及的人工智能算法的原理将在第 2 章介绍。

1.3.4.1　目标信号的威胁感知

1) 技术内涵

这里所述目标信号的威胁感知是指对抗系统对目标信号进行检测、处理,然后对目标状态及其行为特征进行辨识,进而估计目标威胁程度、判断威胁等级的过程。其中,目标状态是描述目标辐射源特征的一系列参数的综合表征,如波束指向、工作模式、发射信号参数等,不同的参数表征了辐射源的不同状态,而目标状态的一些有规律的转变即目标的行为特征。目标行为是指目标辐射源在工作过程中受到外界电磁环境(包括干扰、杂波等)的影响或者系统内部需要而使目标状态发生的一种转变,这种转变是有规律的,不是随机的。

对目标信号的威胁感知是认知电子对抗的基础。一方面,通过对目标信号进行威胁感知,可以判断对抗目标当前所处的工作状态,从而进一步对其行为特征进行分析和辨识,这些是电子对抗系统进行干扰措施选择的基本依据;另一方面,目标信号威胁感知也是后续干扰效果评估的依据,对抗系统可通过目标受干扰前后的威胁等级的变化,评估干扰效果好坏,进而对所采用的干扰动作进行强化或者弱化,实现认知对抗过程的闭环。

2) 要解决的问题

(1) 目标信号侦察与分选。对目标信号进行威胁感知的前提是对抗系统侦察接收机从外界环境中侦收无线电信号,从中分选出目标辐射源的发射信号,并进一步完成辐射源个体识别(SEI)。

(2) 目标信号的多层次特征提取。为了对目标状态及其行为进行识别,需要对分选得到的目标发射信号进行特征表征。因此,需要首先从对抗方的角度对目标信号特征参数进行定义,然后研究多维度、多层次的特征提取技术,在此基础上形成目标状态及行为的建模表征。

(3) 目标状态识别与行为分析。这是目标信号威胁感知的核心内容。目标状态识别的研究,需要通过对目标系统各维特征的深入分析,按照自底向上的方式构建多层次威胁识别体系和识别方法,解决复杂环境下对新型或未知目标状态的准确识别和自适应感知问题。对抗系统可以根据目标状态识别的结果进一步分析对抗过程中目标状态的变化规律,从而分析目标的行为特征。

(4) 目标状态威胁等级评估。根据目标状态及行为特征分析的结果,从对抗方的角度建立威胁评估指标体系,对各个目标状态的威胁程度进行评估,形成不同目标状态的威胁等级,这是信号威胁感知的最终结果。

3) 基本方法及难点

目标信号的侦察与分选与传统电子对抗系统相同,已经形成了比较成熟的技术。但随着电子对抗环境的日益复杂,可能存在多种有源、无源信号,包括敌方发射信号、友方信号、杂波、噪声信号等,这对目标信号的侦收与分选造成了一定的难度。

目标信号特征提取可首先基于专家知识库从对抗方的角度对目标信号特征参数进行定义,然后研究机器学习理论中特征降维、表示学习等相关算法从而对对抗系统所检测到的目标信号进行多层次特征提取,选择对状态识别最有效的特征,以提升后续目标状态及行为特征的识别精度和运行效率。

目标状态识别的本质是模式分类问题,因此可通过机器学习理论中的分类算法解决,主要包括监督学习、半监督学习和无监督学习3类方法,具体的算法原理将在第 2 章进行介绍。

认知电子战中的目标状态识别的难点体现在以下 3 方面：

(1) 认知电子对抗中的目标信号威胁感知所面临的是一种"小样本空间"。常规的人工智能算法大多需要足够的训练样本保证算法性能，而受战术使用和技术条件限制，认知电子战系统在短时间内仅能截获对抗目标的少量样本信息。尤其是对于未知威胁辐射源，其信号样本只能在对抗过程中在线侦察获得。

(2) 认知电子对抗中的目标信号威胁感知是"增量式"的识别方法。一方面，在认知电子对抗中，对抗系统不断发出干扰信号与外界环境进行交互，同时也不断接收到目标的发射信号，这就形成了"增量式"的信号"数据流(Data Stream)"；另一方面，在没有对抗交互的情况下，对抗目标的一些工作模式或抗干扰措施可能会被"隐藏"，这就要求对抗系统能够适应和判别目标可能出现的新状态，甚至之前从未见过的新目标。

(3) 认知电子对抗中的目标信号威胁感知呈现多种"不确定性"。由于电磁环境的复杂性以及侦察系统难以避免的测量误差，有时无法获得辐射源信号参数的精确数值，甚至无法得到完整的信号参数向量，即电磁信号样本可能会呈现区间型或残缺型等不确定性特征参数，需要研究能够适应这些不确定性信息的模型或算法。

1.3.4.2 基于认知的干扰策略优化

1) 技术内涵

基于认知的干扰策略优化是认知电子战系统进行自适应对抗的体现，也是认知电子战技术的核心优势。

认知电子战中的干扰策略优化具体包括 3 方面的内容：干扰样式决策、干扰波形优化以及干扰资源调度。其中：干扰样式决策是指对抗系统能够通过对目标信号的威胁感知建立对抗目标多种状态与已有干扰样式之间的最佳对应关系，从而能够针对目标的不同状态形成一套最优干扰策略；干扰波形优化是指对抗系统能够根据外界电磁环境的变化，充分利用我方的干扰资源，自主地、动态地、实时地优化生成新的干扰波形，从而形成灵活多变的干扰样式，以适应现代电子战复杂的电磁环境；干扰资源调度则是在"多对多"对抗的条件下，合理分配干扰资源，使得对抗系统能够使我方既有的干扰资源在面对目标组网信息系统时发挥最大的作战效益。

2) 要解决的问题

(1) 针对目标多种状态的自适应干扰样式决策。认知电子战中的对抗目标往往具有多种工作状态且状态之间在对抗过程中可以快速切换、灵活变化，因此，需要对抗系统能够通过自适应的干扰样式决策建立目标状态与已有干扰样式之间的最佳对应关系，从而能够针对灵活变化的目标进行快速干扰响应。

（2）针对未知威胁目标或目标未知状态的干扰波形优化。当对抗过程中出现未知威胁目标或目标未知状态时，已有的干扰样式可能无法达到最佳的干扰效果，这时就需要对抗系统根据感知到的未知状态的信号特征，动态地调整干扰参数、优化干扰波形，从而生成新的干扰样式。

（3）"多对多"对抗中的自适应干扰资源调度。在完成"一对一"对抗中干扰波形优化的基础上，进一步研究"多对多"对抗中的干扰资源调度问题。基于认知理论，研究对抗资源分配、调度的实现机制，尽可能减少系统对人和先验知识的依赖，以最大限度地提高对抗系统的资源利用效率。

3）基本方法及难点

（1）自适应的干扰样式决策可通过强化学习技术解决。强化学习是人工智能领域中一类重要的学习方法，它通过"试错机制"来学习如何最佳地匹配状态和动作，以期获得最大的回报。强化学习具有自主学习的能力，它不依赖先验知识，仅通过不断与环境交互来获得知识，自主地进行动作选择，使得到奖励的行为被"强化"而受到惩罚的行为被"弱化"。常用的强化学习算法包括：动态规划、蒙特卡罗方法、时序差分学习、Q-学习、SARSA等。

（2）自适应的干扰波形优化可采用启发式优化算法解决。已有的启发式优化算法主要包括遗传算法、模拟退火算法、粒子群算法、差分进化算法、快速多层多极子算法等。在认知电子战的应用条件下，优化过程需要考虑目标的威胁程度、匹配干扰策略及干扰实施参数等诸多因素，对传统算法的改进并实现数学模型化是算法研究的关键内容。

（3）在自适应的干扰资源调度方面，已有算法包括匈牙利算法、动态规划算法、模糊多属性动态规划算法等。认知电子对抗系统对干扰资源调度的智能化实现提出了更高的要求，需要研究新算法或对已有算法进行改进推广，以适应复杂的现代战场环境。如随着对抗目标数量增多乃至组网，干扰机也大多具有干扰多个目标的能力，可以对结合自主学习知识库和预装专家系统的干扰调度算法进行研究，使其能够适用于"多对多"对抗的现代复杂战场环境。

认知对抗对干扰系统的实时性要求很高，如何使得对抗系统快速进行基于认知的干扰策略优化是技术实现中的难点，必须研究传统智能算法学习效率的优化方法。一方面，为提升算法的收敛能力，可探索直接强化学习与间接强化学习相结合的方式进行自适应的干扰样式决策；另一方面，在"多对多"对抗环境下，可以通过干扰资源预分配，使得强化学习算法具备一定的先验信息，提高算法的学习效率。

1.3.4.3 干扰效果在线评估

1）技术内涵

效能评估，又称有效性度量（Effectiveness Measurement），包含评估方法和评估准则两部分内容。评估方法、准则和评估的目的有着密切的关系,不同的试验目的,其方法也不尽相同。在电子对抗领域,干扰效果是指电子对抗装备实施电子干扰后,对被干扰对象(例如雷达、通信设备等)所产生的干扰、损伤或破坏效应。

认知的本质是"激励—反馈—修正"的闭环过程。认知对抗中的干扰方需要判别干扰对象在对应的干扰措施作用下,是否从工作参数、工作模式等方面向干扰方期望的方向进行变化。这些干扰效果的结果直接反映了电子对抗系统所采取的干扰措施的好坏,也是认知电子对抗环中实现干扰样式决策与波形优化的依据。

2)要解决的问题

认知电子对抗中的干扰效果评估技术通过实时完成目标状态识别,判断实施干扰前后对抗目标的状态变化情况,结合干扰方已获取的其他先验知识,对干扰效果进行在线评估,并进而制定和调整对雷达的最优干扰策略,实现干扰过程的自反馈,最终降低系统反应时间,提高综合干扰能力。

该项关键技术要解决的问题包括:

(1)基于目标信号分析的干扰效果评估指标体系设计;

(2)基于侦察信息的干扰效果评估模型建立;

(3)干扰效果评估方法的研究和改进。

3)基本方法及难点

针对干扰效果评估,国内、外开展了大量的研究工作,并根据干扰样式和被干扰对象种类,提出了各种干扰效果评估准则,如功率准则、概率准则、效率准则等。但是这些评估准则基本上都是站在合作方,即被干扰系统本身来考虑的。这种情况下,被干扰系统的各种参数以及工作流程已知,在干扰到来后,引发其内部资源的耗费以及工作指标的变化都是可观测的,可以比较好地评估出干扰效果或者抗干扰的能力。

在实际作战环境下,干扰方不可能直接从敌对目标上获取这些评估值。认知电子对抗系统要求从干扰方的角度对干扰效果进行评估,以便更加适用于电子战的需要。具体地讲,认知电子对抗系统可通过被干扰目标在干扰前后工作状态的变化,从干扰方可侦察、检测到的信号信息出发,结合目标状态威胁等级分析,完成在线干扰效果评估。

认知电子系统的干扰效果评估技术同样对处理时间要求较高,评估算法必须能够满足干扰对环境和对抗目标状态变化的快速适应。可以探索在干扰效果评估中引入人工神经网络等机器学习算法,得到某一环境下的干扰策略和干扰效能值之间的函数关系,则在此环境下进行干扰效果评估时只需要将干扰策略代入函数关系便可以得到相应的干扰效能值,提高认知电子对抗中干扰效果评估的效率。

1.3.4.4 动态专家知识库构建

1）技术内涵

认知电子对抗中的动态专家知识库主要包括动态威胁库和干扰规则库。动态威胁库是对对抗目标的行为特征及信号特征进行描述，以数据的形式存储在动态数据库中，以便与以后侦察到的威胁对比并辨识出新威胁与旧威胁；干扰规则库分为干扰策略库和干扰样式库，是针对动态威胁库中的威胁目标所设计的干扰策略以及生成的干扰参数，并附以相应的干扰效果评估结果。

动态威胁库和干扰规则库能够为认知电子对抗系统的干扰样式决策与波形优化、干扰效果评估等关键技术提供快速、实时的后台支撑，同时也是实现智能化跟踪干扰的关键技术支撑。

2）要解决的问题

（1）对抗目标知识项建模。知识项建模即专家知识表征，主要研究对抗目标知识项的建模描述以及库结构的设计问题，使其能有效描述现代新型目标较完整的行为特征。

（2）动态专家知识库的动态更新框架。由于采用单一时隙的分选结果更新威胁库的方法存在局部片面性，所以需要研究设计目标威胁库的动态更新框架，将辐射源信息的全局融合结论作为数据库知识积累和学习的数据源。

（3）知识项的迭代学习方法。在数据库知识的在线积累学习过程中，会涉及知识项的插入、归并、更新和删除等操作，因此需研究数据库知识的积累学习方法和规则。

3）基本方法及难点

单纯从数据库上来说，要求其具备统一、通用的表征架构，每个数据表应具有可扩展性，针对不同的威胁，抽象出多个扩展字段，以满足对抗多种自适应威胁的应用需求，对于每个数据表，用户可以实现对数据表的查询、插入、修改、删除等基本操作。考虑到目标威胁的多样性，数据库设计过程中应采用灵活的层次结构，把每一种威胁的参数、对抗策略以及干扰样式参数一层一层地分解，直到具有通用结构为止。

动态威胁库包括辐射源波形特征、状态特征、威胁程度等要素，并且能够反映特征之间的相互关联性，同时具有动态更新能力。动态威胁库的构建可针对威胁目标的多层次表征及动态更新的需求，定义威胁库的结构，形成威胁目标库快速查找、更新、添加等操作的方法，并利用在线实时的干扰知识积累，实现威胁识别与干扰的动态关联，最终支撑对新型或未知目标的准确识别和实时自主的干扰决策。

认知电子对抗系统的干扰规则库同样要求具备动态更新能力，构建难点在于干扰规则的专家知识表征以及推理机设计。可考虑通过人工智能领域中的专家系统来解决知识表征和推理机设计问题。专家系统是一个具有大量专门知识与经验的程序系统，它应用人工智能技术和计算机技术，根据某领域一个或多个专家提供的知识和经验，进行推理和判断，模拟人类专家的决策过程，以便解决那些需要人类专家处理的复杂问题。

1.3.4.5 小结

下面将认知电子战系统所涉及的核心关键技术及其要解决的问题、基本方法，以及技术难点以表格的形式总结如表1.2所列。

表1.2 认知电子战中的关键技术

关键技术	要解决的问题	相关智能算法	技术难点
目标信号的威胁感知	(1) 目标信号的侦察分选； (2) 目标信号的多层次特征提取； (3) 目标状态识别与行为分析； (4) 目标状态威胁等级评估	(1) 模式分类算法； (2) 智能聚类算法	(1) 小样本空间下的状态识别； (2) 适应未知威胁的增量式识别方法； (3) 适应不确定性特征参数的识别方法
基于认知的干扰策略优化	(1) 针对目标多种状态的自适应干扰样式决策； (2) 针对未知威胁目标的自适应干扰波形优化； (3) 针对"多对多"对抗的自适应干扰资源调度	(1) 强化学习算法； (2) 智能优化算法； (3) 智能调度算法	(1) 适应电子对抗系统的实时性要求； (2) 适应对抗双方多因素的约束； (3) 适应"多对多"对抗的复杂战场环境
干扰效果在线评估	(1) 评估指标体系的设计； (2) 评估模型的建立； (3) 评估方法的研究和改进	人工神经网络	(1) 适应非合作目标的干扰效果评估； (2) 适应环境和目标状态的快速变化
动态专家知识库构建	(1) 对抗目标知识项建模； (2) 知识库的动态更新框架； (3) 知识项的迭代学习方法	专家系统	(1) 针对多种目标的统一表征架构； (2) 具备对新知识的动态更新能力

1.3.5 认知电子战的应用前景

未来的电子战装备必须具有"认知能力"，才能参与到对抗与反对抗的动态博弈中。谁能研制出具有更高人工智能的电子战设备，谁就能在电子对抗中占得先机。通过闭环的行为学习，认知电子战技术可以使对抗系统具备环境认知的能力，有利于对抗方掌握未来电子战中的主动权，是一种具有巨大发展潜力和广阔应用前景的重要信息对抗新技术。具体来说，认知电子战技术可以在以下几个方面发挥它的应用价值。

1.3.5.1 针对对抗目标多种工作模式的自适应干扰

现代电子技术的进步使得对抗目标能够具备多种功能，采用可灵活切换的多种工作模式。因此，电子对抗系统必须从固定干扰模式向自适应干扰模式发展，具有在复杂电磁信号环境下快速发现、跟踪信号波形的变化，并根据目标发射信号波形自动调整和优化我方干扰策略，形成快慢结合、逐步精确的干扰能力。

现有电子对抗装备的干扰规则库是基于威胁环境的先验知识在战前预先装定的，在实际对抗中，当电子对抗装备侦收到目标发射信号时，就将该信号特征与威胁数据库中装定的目标信号数据进行比较，如果匹配，就能识别该威胁并采用预先制定的干扰规则实施对抗，因此干扰样式决策和干扰波形参数不会随着被干扰目标的状态变化而进行自动调整。而认知电子对抗系统通过与外界环境进行交互，利用人工智能技术、机器学习算法进行信号威胁感知、干扰效果评估，不断地积累有效经验，并在此基础上进行行为学习，建立干扰资源与目标状态之间的联系，因而可以根据环境特征和威胁信号的变化情况来动态调整干扰策略、干扰规则及干扰参数，以合理地使用干扰资源，从而实现对威胁目标的自适应干扰。

1.3.5.2 复杂电磁环境下针对未知威胁目标的自适应对抗

一方面，现代电子战中不同体制的威胁目标系统往往具有多种不同的工作模式和相应的抗干扰措施，在没有对抗交互的情况下，很多的模式可以一直被隐藏。此外，各种新体制电子信息设备的出现使得电子对抗装备面临的信号样式越来越复杂、波形变化越来越频繁。认知电子对抗系统中的目标状态识别技术可通过对目标信号各维特征的深入分析研究，构建多层次威胁识别体系，从而解决复杂环境下对新型或未知目标工作状态的准确识别和自适应感知问题，并进一步实现在复杂环境下对各种未知目标信号的适应和对抗。

另一方面，认知电子战系统的干扰决策由传统的以人为主转变为以机器为主，大幅加快了系统干扰响应速度。在面对未知威胁目标时，传统电子对抗系统往往需要首先对信号进行采集，然后在实验室内进行后期分析，依靠大量人工的参与以及对抗目标的配合完成多次模拟试验，形成较优对抗策略的时间一般要耗费几天至数月的时间；而认知电子战系统则利用人工智能技术使机器具备一定的学习推理能力，从而能够针对未知威胁目标自主、实时地形成干扰策略，处理周期缩短至分钟量级，大幅度加快了对抗系统的干扰响应速度。

1.3.5.3 作战条件下的非合作目标在线干扰效果评估

目前，针对对抗装备的干扰效果评估方法基本都是基于合作方式的事后评估，而在实际作战中,不可能从对抗目标处直接观测到对抗效果。认知电子对抗系统则是从干扰方的角度对对抗效果进行评估,更加适用于电子战的需要。

如前所述,对抗目标可随着作战任务、环境情况不同而在多种工作模式或工作状态间转换,而模式或状态的变化也意味着环境的变化,干扰效果作为环境变化的一个重要因素,相应地也就反映到了目标工作状态的变化中。具体地讲,认知电子对抗系统对干扰方可检测到的目标信号进行分析,建立干扰效果评估指标体系,并结合对抗目标在干扰前后状态的变化以及威胁等级分析,解决了非合作目标干扰效果的在线评估问题。

1.3.5.4 对抗未来智能化威胁目标的巨大潜力

如本章 1.1.3 节所述,作为认知电子战动态博弈的另一方面,威胁目标系统的智能化水平也势必会不断提高。传统的电子对抗系统与这些智能化目标系统之间存在着严重的不对等,难以达到理想的对抗效果;而认知电子对抗装备是一种具有感知环境、学习行为、优化策略、实时评估的闭环动态系统,势必会成为与智能电子信息系统(如认知雷达)实力相当的有力对手,为对抗未来智能化威胁目标提供了巨大潜力。

1.3.5.5 对组网信息系统的有效对抗

传统的电子对抗手段以及设备在对抗组网系统时存在巨大的能力缺陷,而认知电子对抗技术可以实现对对抗目标的精准化有效干扰和干扰资源的自适应管理调度,是提高组网信息系统对抗效率的有效技术手段。另外,由于分布式、网络化雷达具有很强的时域、频域和空域抗干扰能力,认知电子对抗可采用多干扰机协同干扰技术,可在时域、频域和空域多个维度同时进行最优化设计,是对分布式目标信息系统进行干扰的有效手段之一。

参考文献

[1] 阿达米. 电子战原理与应用[M]. 王燕,朱松,译. 北京:电子工业出版社,2011.

[2] 熊群力. 综合电子战——信息化战争的杀手锏[M]. 北京:国防工业出版社,2008.

[3] 周一宇,安玮,郭福成,等. 电子对抗原理[M]. 北京:电子工业出版社,2009.

[4] 吴利民,王满喜,陈功. 认知无线电与通信电子战概论[M]. 北京:电子工业出版社,2015.

[5] 赵国庆. 雷达对抗原理[M]. 2版. 西安:西安电子科技大学出版社,2012.

[6] Lee-Urban S,Trewhitt E,Bieder I,et al. CORA: a flexible hybrid approach to building cognitive systems [C]// Annual Conference on Advances in Cognitive Systems,May 28 - 31,2015,Georgia,USA. Alexandria:NSF,c2015:1 - 16.

[7] Mitola J,Maguire G Q. Cognitive radio: making software radios more personal [J]. IEEE Person-

al Communications,1999,6(4):13-18.
[8] 王军,李少谦. 认知无线电:原理、技术与发展趋势[J]. 中兴通讯技术,2007,13(3):27-31.
[9] Haykin S. Radar vision [C]// National Radar Conference,Boston,Massachusetts. New Jersey:IEEE,c1991:75-78.
[10] Haykin S. Cognitive radar: a way of the future [J]. IEEE Signal Processing Magazine,2006,23:30-40.
[11] 张珂,张璇,金家才. 认知电子战初探[J]. 航天电子对抗,2013,29(1):53-56.
[12] 倪从云,黄华. 认知电子战系统组成及其关键技术研究[J]. 舰船电子对抗,2013,36(3):32-35.
[13] 范忠亮,朱耿尚,胡元奎. 认知电子战概述[J]. 电子信息对抗技术,2015,30(1):33-38.

第 2 章 人工智能理论

本章首先对人工智能理论进行概述。然后阐述人工智能理论的具体数学基础——优化方法，包括无约束优化方法和约束优化方法。机器学习是人工智能理论中一个最重要的分支与实现方式，本章将重点论述机器学习，其中将对监督学习、无监督学习以及强化学习三类机器学习方法进行介绍，最后介绍近年来受到广泛关注的深度学习模型。

2.1 人工智能概述

2.1.1 人工智能起源

现代人工智能[1]起源于20世纪四五十年代科学家对大脑的研究。神经学家发现大脑可以看作是神经元连接而成的电子网络。维纳从控制论的角度描述了电子网络的控制和稳定性，香农将数字信号用信息论进行描述。以沃尔特·皮茨、沃伦·麦卡洛克，马文·明斯基为代表的研究人员提出了简单的理想化人工神经元网络，并构造了第一台神经网络机——随机神经模拟强化计算机(SNARC)[2]，如图2.1所示。英国科学家阿兰·图灵于1950年发表了划时代的论文，提出了著名的图灵测试，"一台机器如果能够同人类进行交互，且不被辨识出其机器身份，便可

图 2.1 SNARC(见彩图)

认为该机器是智能的"[3]。

20世纪50年代中期计算机技术的兴起,开启了数字机器进行符号计算的新思路,而符号运算正是人类思维的本质。在上述研究的推动之下,1956年召开了达特茅斯会议,会议上纽厄尔和西蒙讨论了"逻辑理论家",确定了人工智能的名称和任务,并提出"学习或者智能的任何其他特性的每一个方面都应能被精确地加以描述,使得机器可以对其进行模拟。"达特茅斯会议成为了公认的现代人工智能起源的标志,图2.2为该会议召开50年后的当事人合影。

图2.2 会议照片(2006年,会议50年后,当事人重聚达特茅斯。左起:摩尔、麦卡锡、明斯基、赛弗里奇、所罗门诺夫)

2.1.2 人工智能发展

达特茅斯会议后的数年是人工智能发展的黄金时期。1969年第一届人工智能国际联合会议召开(IJCAI),此后,该会议两年召开一次;1970年 *International Journal of Artificial Intelligence* 杂志创刊。这些杂志和会议极大推动了人工智能的研究与发展。

早期的人工智能研究主要受控制论影响。1948年,维纳发表了《动物与机器中的控制与通信》学术论文,为人工智能领域的控制论(即行为主义)学派创立了新的里程碑。巴贝奇、图灵、冯·诺依曼等研制的计算机能够将神经系统的工作原理与信息理论、控制理论、逻辑以及计算联系起来。

几十年来,人工智能研究取得了巨大进展。专家系统是早期人工智能的重要分支,通常采用人工智能中的知识表示和知识推理方法模拟领域专家所能解决的复杂问题。专家系统适合完成没有公认的理论和方法、数据或信息不完整、人类专家短缺或专门知识昂贵的诊断、解释、监控、预测、规划及设计等任务。自1968年第一个专家系统DENDRAL(树突算法)问世以来,专家系统得到了飞速发展,广泛应用于工矿数据分析处理、医疗诊断、计算机设计、符号运算和定理证明等领域。在开发专家系统过程中,研究人员达成了共识,即人工智能系统是一个知识处理系统,知识获取、知识表示和知识利用是人工智能系统的 3 个基本问题。早期专家系统 Symbolics 3640 如图 2.3 所示。

如图 2.4 所示,近年来,机器学习、计算智能、人工神经网络、深度学习等研究的深入开展,人工智能研究取得了长足的进步。1997 年 IBM 开发的人工智能系统"深蓝"首次战胜了国际象棋世界冠军卡斯帕罗夫。2005 年斯坦福大学开发的机器人成功在一条沙漠小径步行了 131mi①,赢得了 DARPA 挑战赛大奖。2009 年"蓝脑计划"声称已经成功模拟了部分鼠脑。2016 年谷歌公司的人工智能程序 AlphaGo 击败围棋世界冠军李世石[4]。

图 2.3 早期专家系统 Symbolics 3640

人工智能的巨大成功,使得智能电子对抗成为可能。美国 DARPA 主导了一系列智能电子对抗项目,尝试将人工智能引入电子对抗领域,并取得一系列成果。DARPA 主任普拉巴卡尔在 2016 年 2 月指出,"使用人工智能领域的前沿技术,能够实现比人类反应时间更快的时间尺度"。

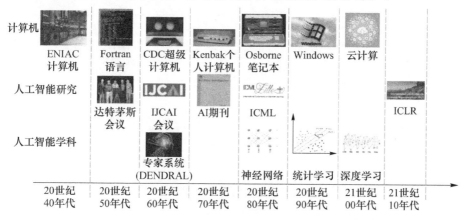

图 2.4 人工智能的演进(见彩图)

机器学习是人工智能的一个重要分支,主要是利用计算机来模拟或实现人类的学习行为,它以数据出发,通过大量的训练样本来挖掘数据与目标之间的映射关系,进而实现分类、回归、聚类等具体的任务。机器学习作为人工智能的核心,现已

---

① mi,英里,1mi≈1.6km。

广泛应用于数据挖掘、自然语言处理、生物特征识别等领域,并且为未来智能化的电子对抗方式提供了新的思路。

2.2 优化方法

机器学习的首要问题是目标优化问题。在机器学习算法中,通常需要最优化某目标函数,以求出模型参数的合理估计。也就是,给定某关于模型参数 $x \in \mathbb{R}^n$ 的目标函数 $f(x):\mathbb{R}^n \to \mathbb{R}$,我希望找到某最优模型参数 x^*,使得目标函数 $f(x^*)$ 最小[5]。然而在实际的求解过程中,直接找出最优的参数估计使目标函数最小是很困难的。幸运的是,在机器学习的优化中,大多数的优化问题均为凸优化问题或可近似为凸优化问题[6]。目前有很多有效的算法去解决这类问题,其中包括无约束优化算法(主要包括梯度下降算法和牛顿算法)和约束优化算法(主要指泛化的拉格朗日法)。例如在神经网络反向传播算法中,为了使得神经网络输出的代价函数 $f(x)$ 最小,通过采用梯度下降算法,计算代价函数的梯度,不断迭代优化网络参数[7]。图 2.5 为梯度下降算法示意图。假设模型参数为二维变量 $x = [x_1 \quad x_2]^T$,那么通过梯度下降法不断搜索更优的模型参数,便可使得代价函数收敛到最小值。

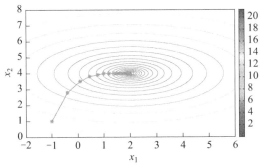

图 2.5 梯度下降算法(见彩图)

2.2.1 问题描述

在多数的机器学习算法中,优化问题通常写成如下形式:

$$\begin{aligned} \min \quad & f_0(x) \\ \text{s.t.} \quad & f_i(x) \leqslant b_i \quad i = 1, 2, \cdots, m \end{aligned} \quad (2.1)$$

式中:函数 $f_0(x):\mathbb{R}^n \to \mathbb{R}$ 是目标函数,也称为代价函数。$x = [x_1 \quad x_2 \quad \cdots \quad x_n]^T$ 是一个 n 维的优化变量。在机器学习中,x 是模型的参数变量,优化的目的是找出一个

最优的变量 x^*，使得目标函数 $f_0(x)$ 的值最小。函数 $f_i(x):\mathbb{R}^n \to \mathbb{R}$，$i = 1,2,\cdots,m$，称为约束函数，常数 $b_1,b_2,\cdots,b_m$，称为约束上限或者约束边界。如果在最小化目标函数 $f_0(x)$ 中不存在上述约束函数，则称为无约束优化，反之称为约束优化。

在常规的机器学习中，优化问题均为凸优化问题。对于凸优化问题，目标函数和约束函数均为凸函数，即对于任意变量 $x,y \in \mathbb{R}^n$ 和任意常数 $\alpha,\beta \in \mathbb{R}$ 且满足 $\alpha + \beta = 1, \alpha \geq 0, \beta \geq 0$，有下面不等式成立：

$$f_i(\alpha x + \beta y) \leq \alpha f_i(x) + \beta f_i(y) \tag{2.2}$$

对于凸优化问题，针对无约束优化，目前比较常用的算法包括梯度下降法和牛顿法；针对约束优化，比较常用的是拉格朗日乘子法，并结合 Karush–Kuhn–Tucker(KKT)条件[8-9]。后面两小节将针对上述的无约束优化算法和约束优化算法分别进行详述。

2.2.2 无约束优化算法

2.2.2.1 梯度下降算法

梯度下降算法是通过负梯度线性搜索，迭代寻找最优的参数变量 x^*，不断逼近目标函数 $f_0(x)$ 最小值的计算过程。其参数变量迭代计算的公式如下：

$$x^{(k+1)} = x^{(k)} + \varepsilon^{(k)} \cdot \Delta x^{(k)} \tag{2.3}$$

式中：$x^{(k)}$ 是第 k 次迭代的参数变量；$\varepsilon^{(k)} > 0$ 是迭代的步长；$\Delta x^{(k)}$ 是指第 k 次迭代的搜索方向。$x^{(k+1)}$ 是通过式(2.3)，在给定步长与搜索方向的基础上，计算得到的第 k 次的参数变量。只要 $x^{(k)}$ 不是最优点，那必然会存在下一个点 $x^{(k+1)}$ 使得下式成立：

$$f(x^{(k+1)}) < f(x^{(k)}) \tag{2.4}$$

在式(2.4)不等式基础上，可通过下面推导求出点 $x^{(k+1)}$。根据凸函数的一阶条件，即

$$f(x^{(k+1)}) \geq f(x^{(k)}) + \nabla f(x^{(k)})^T(x^{(k+1)} - x^{(k)}) \tag{2.5}$$

为了确保目标函数在下次参数的变化后减小，必须有

$$\nabla f(x^{(k)})^T(x^{(k+1)} - x^{(k)}) = \nabla f(x^{(k)})^T \Delta x^{(k)} < 0 \tag{2.6}$$

也就是，搜索方向 $\Delta x^{(k)}$ 必须和目标函数负梯度方向成锐角，这个搜索方向称为下降方向。显然，最快的搜索方向，便是直接以目标函数的负梯度，即 $-\nabla f(x^{(k)})$，作为搜索方向。这种以负梯度作为搜索方向，迭代计算求出最优参数变量使目标函数最小的方法称为梯度下降法。为了简化，做如下设定：

$$g = \nabla f(x^{(k)}) \tag{2.7}$$

则梯度下降法参数变量迭代公式可进一步表示如下：

$$\boldsymbol{x}^{(k+1)} = \boldsymbol{x}^{(k)} - \varepsilon^{(k)} \cdot \boldsymbol{g} \tag{2.8}$$

式中：搜索步长 $\varepsilon^{(k)}$ 可根据经验设定某固定值。也可根据梯度的李普希兹常数（假设为 L），取搜索步长 $\frac{1}{L}$ 来保证每次迭代的函数值不增并最终收敛到梯度为 0 的点。但固定步长往往大大增加搜索时间，因此在实际应用中，需要自适应调节步长参数 $\varepsilon^{(k)}$。通常机器学习应用场景中，目标函数均二阶可微。因此为了计算下降步长，把目标函数 $f(\boldsymbol{x}^{(k+1)})$ 在点 $\boldsymbol{x}^{(k)}$ 进行二阶泰勒展开：

$$f(\boldsymbol{x}^{(k+1)}) \approx f(\boldsymbol{x}^{(k)}) + (\boldsymbol{x}^{(k+1)} - \boldsymbol{x}^{(k)})^{\mathrm{T}} \boldsymbol{g} + \frac{1}{2}(\boldsymbol{x}^{(k+1)} - \boldsymbol{x}^{(k)})^{\mathrm{T}} \boldsymbol{H}(\boldsymbol{x}^{(k+1)} - \boldsymbol{x}^{(k)}) \tag{2.9}$$

式中：$\boldsymbol{H}$ 为海森矩阵，且第 i 行第 j 列元素定义如下：

$$\boldsymbol{H}_{i,j} = \frac{\partial^2}{\partial x_i \partial x_j} f(\boldsymbol{x}) \tag{2.10}$$

根据梯度下降的迭代公式，二阶泰勒展开可以进一步推导如下：

$$f(\boldsymbol{x}^{(k)} - \varepsilon^{(k)} \boldsymbol{g}) \approx f(\boldsymbol{x}^{(k)}) + \varepsilon^{(k)} \boldsymbol{g}^{\mathrm{T}} \boldsymbol{g} + \frac{1}{2}(\varepsilon^{(k)})^2 \boldsymbol{g}^{\mathrm{T}} \boldsymbol{H} \boldsymbol{g} \tag{2.11}$$

因此，第 k 步的最优步长应该使得目标函数 $f(\boldsymbol{x}^{(k+1)}) = f(\boldsymbol{x}^{(k)} - \varepsilon^{(k)} \boldsymbol{g})$ 最小，于是有

$$\frac{\partial}{\partial \varepsilon^{(k)}} f(\boldsymbol{x}^{(k)} - \varepsilon^{(k)} \boldsymbol{g}) = 0 \tag{2.12}$$

并且因为凸函数的海森矩阵为半正定矩阵，所以可以求出自适应最优步长为

$$\varepsilon^{(k)*} = \frac{\boldsymbol{g}^{\mathrm{T}} \boldsymbol{g}}{\boldsymbol{g}^{\mathrm{T}} \boldsymbol{H} \boldsymbol{g}} \tag{2.13}$$

式中：$\boldsymbol{H}$ 是目标函数的二阶导矩阵，其物理意义是目标函数梯度的变化情况。假如 $\boldsymbol{H}$ 的特征值比较小，证明梯度的变化比较小，函数值减小的情况没有明显地改变，因此步长增大，减少搜索时间。反之，梯度的变化比较大，函数值减小的情况明显变缓，因此步长减小，提高搜索精度。

2.2.2.2 牛顿算法

在高维的优化计算中，其梯度包含了每一维的变量对应的下降方向。而这其中，有些方向上函数下降很快，需要大的步长减小搜索次数，有些方向上函数下降已经很缓慢，需要小的步长提升精度。然而梯度下降每次只能选取一个步长，因此

难以选取最有效的步长。为了解决这个问题,可以根据海森矩阵提供的搜索信息,通过目标函数二阶泰勒展开式来求取最优的变量参数。这种方法称为牛顿算法。

假设在第 k 步的参数值为 $\boldsymbol{x}^{(k)}$,那么第 $k+1$ 步目标函数的二阶泰勒展开式近似如下式所示:

$$f(\boldsymbol{x}^{(k+1)}) \approx f(\boldsymbol{x}^{(k)}) + (\boldsymbol{x}^{(k+1)} - \boldsymbol{x}^{(k)})^{\mathrm{T}} \boldsymbol{g} + \frac{1}{2} (\boldsymbol{x}^{(k+1)} - \boldsymbol{x}^{(k)})^{\mathrm{T}} \boldsymbol{H} (\boldsymbol{x}^{(k+1)} - \boldsymbol{x}^{(k)}) \tag{2.14}$$

为了求出最优的第 $k+1$ 步参数值 $\boldsymbol{x}^{(k+1)}$,使得目标函数最小,把上式对 $\boldsymbol{x}^{(k+1)}$ 求偏导并令其等于零,求出第 $k+1$ 步最优参数值 $\boldsymbol{x}^{(k+1)}$ 为

$$\boldsymbol{x}^{(k+1)*} = \boldsymbol{x}^{(k)} - \boldsymbol{H}^{-1} \boldsymbol{g} \tag{2.15}$$

式(2.15)即牛顿算法的参数变量迭代公式。

2.2.3 约束优化算法

约束优化是指不能在全参数空间中搜索到目标函数的最小值,而只能在参考空间的一些子集 $\mathbb{S}$ 上进行。这些子集由第一节中的约束条件所定义:

$$\mathbb{S} = \{\boldsymbol{x} \mid \forall i, g_i(\boldsymbol{x}) = 0 \text{ 并且 } \forall j, h_j(\boldsymbol{x}) \leq 0\} \quad i = 1, 2, \cdots, m, j = 1, 2, \cdots, n \tag{2.16}$$

式中:等式 $g_i(\boldsymbol{x}) = 0$ 指子集中参数变量的等式约束条件,不等式 $h_j(\boldsymbol{x}) \leq 0$ 指子集中参数变量的不等式约束条件。为了解决上述约束条件下的优化计算,本节介绍一种泛化的拉格朗日乘子法。

假设我们希望求出在集 $\mathbb{S}$ 上最优的变量 $\boldsymbol{x}$,使目标函数 $f_0(\boldsymbol{x})$ 最小,则需要将目标函数泛化成如下形式:

$$L(\boldsymbol{x}, \boldsymbol{\lambda}, \boldsymbol{\alpha}) = f_0(\boldsymbol{x}) + \sum_i \lambda_i g_i(\boldsymbol{x}) + \sum_j \alpha_j h_j(\boldsymbol{x}) \tag{2.17}$$

式中:$\boldsymbol{\lambda}$ 和 $\boldsymbol{\alpha}$ 分别为 $g_i(\boldsymbol{x})$ 和 $h_j(\boldsymbol{x})$ 对应的权重因子集合。

根据 KKT 条件,目标函数 $\min\limits_{\boldsymbol{x} \in \mathbb{S}} f_0(\boldsymbol{x})$ 变成如下形式:

$$\min_{\boldsymbol{x}} \max_{\boldsymbol{\lambda}} \max_{\boldsymbol{\alpha}, \boldsymbol{\alpha} \geq 0} L(\boldsymbol{x}, \boldsymbol{\lambda}, \boldsymbol{\alpha}) \tag{2.18}$$

为了求解上述形式,首先假设 $\boldsymbol{\alpha} = 0$,计算如下偏导数:

$$\begin{cases} \dfrac{\partial}{\partial \boldsymbol{x}} L(\boldsymbol{x}, \boldsymbol{\lambda}, \boldsymbol{\alpha} = 0) = 0 \\ \dfrac{\partial}{\partial \boldsymbol{\lambda}} L(\boldsymbol{x}, \boldsymbol{\lambda}, \boldsymbol{\alpha} = 0) = 0 \end{cases} \tag{2.19}$$

假如其解 x^* 满足 $h_j(x) \leq 0, j=1,2,\cdots,n$,则 x^* 为所求解。假如不满足,证明最小值在 $h_j(x) \leq 0$ 的边界上,即在 $h_j(x)=0$ 上,因此不等式约束变成了等式约束,计算如下偏导数得到最终解:

$$\begin{cases} \dfrac{\partial}{\partial x} L(x,\lambda,\alpha) = 0 \\ \dfrac{\partial}{\partial \lambda} L(x,\lambda,\alpha) = 0 \\ \dfrac{\partial}{\partial \alpha} L(x,\lambda,\alpha) = 0 \end{cases} \tag{2.20}$$

2.2.4 实例

假设目标函数为:$f(x) = \dfrac{1}{2} \| Ax - b \|_2^2$。其参数变量 x 受制于约束条件 $x^T x \leq 1$。那么最小化目标函数 $f(x)$ 的参数变量 x^* 的求取过程如下。

根据泛化的拉格朗日乘子法,目标函数可以泛化成如下形式:

$$L(x,\lambda) = \frac{1}{2} \| Ax - b \|_2^2 + \lambda(x^T x - 1) \tag{2.21}$$

根据 KKT 条件,原问题转变成如下形式:

$$\min_{x} \max_{\lambda, \lambda \geq 0} L(x,\lambda) \tag{2.22}$$

假设 $x^T x < 1$,也就是要求的 x^* 在约束条件区域内部,那么 $\min_{x}\max_{\lambda,\lambda \geq 0} L(x,\lambda)$ 只能选取 $\lambda = 0$,并退化为 $\min_{x} L(x,\lambda=0) = \min_{x} \dfrac{1}{2} \| Ax - b \|_2^2$ 这样的无约束条件,则可以按照梯度下降法计算。

首先按式(2.23)计算梯度:

$$\nabla_x f(x) = A^T(Ax - b) = A^T A x - A^T b \tag{2.23}$$

假定一个初始值 x_0,固定步长 ε,容忍误差 δ。梯度下降迭代计算的伪代码如下:

(1) while $\| A^T A x - A^T b \|_2 > \delta$

$\quad\quad x \leftarrow x - \varepsilon(A^T A x - A^T b)$

(2) end while

按照上述伪代码,可以迭代计算出 x^*。之后计算 x^* 是否满足 $x^T x < 1$,假如满足,则 x^* 为所求解;假如不满足,则证明最小值不在约束区域内,只能在约束区域

边缘，即 $x^T x = 1$。根据拉格朗日乘子法解如下方程组：

$$\begin{cases} \nabla_x L(x, \lambda) = A^T A x - A^T b + 2\lambda x = 0 \\ \nabla_\lambda L(x, \lambda) = x^T x - 1 = 0 \end{cases} \quad (2.24)$$

求出的解 x 即为 x^*。

2.3 机器学习

2.3.1 机器学习简述

机器学习是人工智能领域的一个重要分支，涉及概率论、统计学、凸分析、计算机复杂性理论等多门学科。目前机器学习已广泛应用于数据挖掘、计算机视觉、自然语言处理、生物特征识别、医学诊断等领域。

机器学习指的是计算机通过对已有的经验或数据学习分析获得规律，并能通过规律对未知数据进行预测。机器学习允许计算机处理涉及现实世界知识的问题，做出合理的决定。在计算机系统中，"经验"通常以"数据"的形式存在，因此，机器学习所研究的主要内容，是关于在计算机上从数据中产生"模型"的算法，即"学习算法"[10]。学习算法基于经验数据产生相应的模型，该模型在面对新的情况时会做出相应的判断。如果说计算机科学是研究关于"算法"的学问，那么与之类似，可以说机器学习是研究关于"学习算法"的学问。

优化问题是机器学习中的重要工具之一，但是机器学习中的优化问题与传统的纯优化问题又有一定的区别。在纯优化问题中，仅需要采用梯度下降或牛顿等算法，通过优化目标函数中的相关参数，使得目标函数达到最大或最小即可。然而在机器学习问题中，通常关注的是模型在测试集上的性能，但由于实际情况下测试集的标签往往是无法获得的，难以对其性能进行衡量，因此通常是在训练集上对模型进行优化，并期望其在测试集上也能够达到与训练集相似的性能。另外，在机器学习的优化问题中，往往还会引入正则项来对模型进行一定的约束。

机器学习可以分为监督学习、无监督学习、强化学习和深度学习等几类。其中，监督学习是从训练数据中学习目标函数，当新数据到来时，可根据目标函数进行预测。监督学习的输入通常是特征和目标。训练集中的目标是人为标注的。常见的监督学习算法包括回归分析和统计分类等。与监督学习相比，无监督学习中训练样本的标记信息是未知的，目标是通过对无标记训练样本的学习来揭示数据的内在性质及规律，为进一步的数据分析提供基础。半监督学习介于无监督学习和监督学习之间,其目标是让学习器不依赖外界交互,自动地利用未标记样本来提升学习性能。而强化学习是通过观测环境来学习行为,每个行为对环境均产生影响,学习对象可通过观测周围环境的反馈做出判断。

下面分别介绍监督学习、无监督学习、强化学习、深度学习和深度强化学习的基本原理或典型算法,最后对监督学习中近年来发展极为迅速的深度学习理论进行阐述。

2.3.2 监督学习

监督学习是指在数据标签已知的情况下,实现相应的机器学习任务,主要分为回归和分类两大类。对于回归任务,本节介绍逻辑回归算法;而对于分类任务,本节介绍支持向量机和人工神经网络。

2.3.2.1 逻辑回归算法

逻辑回归(Logistic Regression)算法是一种广义线性回归。逻辑回归最先由统计学家 Cox 于 1958 年提出[11]。基于样本的多个独立特征,二元逻辑回归模型被用于预测样本属于目标分类的概率,所以逻辑回归的输出虽然是一个连续值,但是常被用于分类问题。逻辑回归作为监督机器学习中的一种分类模型,由于算法的简单高效,在实际中应用非常广泛,常用于数据挖掘、疾病自动诊断、经济预测等问题。

以线性二分类问题为例,逻辑回归的本质是找到一个决策面 $\boldsymbol{\theta}^{\mathrm{T}}=0$,用于将正负样本正确分类。其中 $\boldsymbol{x}$ 代表描述样本的特征向量,$\boldsymbol{\theta}$ 和 b 表示决策面方程的系数。如图 2.6 所示,由直线表示的分类决策面可以很好地将两类样本分开。在逻辑回归的模型中,求解决策面主要有以下步骤:①构造假设函数 $h_\theta(x)$;②构造损失函数 $J(\boldsymbol{\theta})$;③求解 $J(\boldsymbol{\theta})$ 的最小值。此时的 $\boldsymbol{\theta}$ 即最佳决策面参数。

1)假设函数 $h_\theta(\boldsymbol{x})$

在给定决策面参数 $\boldsymbol{\theta}$ 和样本的特征向量 $\boldsymbol{x}$ 时,假设样本被分为正样本($y=1$)的概率可以用一个函数表示,这个函数称为假设函数 $h_\theta(\boldsymbol{x})$,即 $p(y=1|\boldsymbol{x};\boldsymbol{\theta})=h_\theta(\boldsymbol{x})$。在逻辑回归模型中,假设函数常用 Sigmoid 函数:

$$S(t)=\frac{1}{1+\mathrm{e}^{-t}} \tag{2.25}$$

Sigmoid 函数(图 2.7)作为一种非线性映射函数[12],被广泛应用于机器学习的许多模型中,这是因为其有良好的映射特性,可以将负无穷至正无穷区间映射到 [0,1] 区间。且 Sigmoid 函数有良好的微分特性,求导简单且有利于函数的收敛。

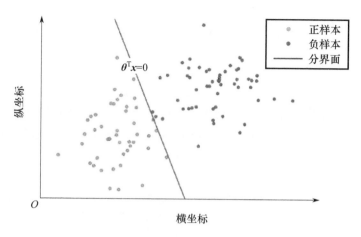

图 2.6 逻辑回归（见彩图）

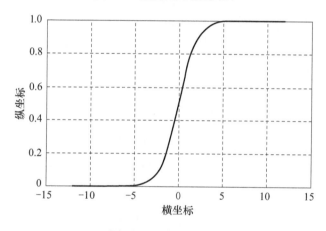

图 2.7 Sigmoid 函数

所以，逻辑回归模型中的，假设函数的表达式为

$$h_{\theta}(x) = \frac{1}{1+e^{-\theta^{T}x}} \quad (2.26)$$

一般的，在二分类问题中，当输入样本为 x 时，计算其假设函数值 $h_{\theta}(x)$，若 $h_{\theta}(x) > 0.5$，则把这个样本分为正样本，否则分为负样本。

2）损失函数 $J(\theta)$

在逻辑回归模型中，关键在于如何学习最优决策面的参数 θ。首先，对于训练样本，需要构造一个函数来量化模型预测结果和真实分类结果之间的差异，这样的函数就称为损失函数 $J(\theta)$。损失函数的形式有很多，比如 0-1 损失函数，1 阶范数损失函数等，在逻辑回归模型中，常用的是交叉熵损失函数（以二分类问题为例）：

$$J(\boldsymbol{\theta}) = \frac{1}{m}\sum_{i=1}^{m}\left[-y^{(i)}\log(h_{\boldsymbol{\theta}}(\boldsymbol{x}^{(i)})) - (1-y^{(i)})\log(1-h_{\boldsymbol{\theta}}(\boldsymbol{x}^{(i)}))\right]$$

(2.27)

式中：$\boldsymbol{x}^{(i)}$、$y^{(i)}$ 分别代表第 i 个样本的特征向量和真实分类；m 是训练样本的总个数。交叉熵损失函数是根据最大似然准则（Maximum Likelihood）推导而来的。可以看到：对于正样本，预测为正样本的概率 $h_{\boldsymbol{\theta}}(\boldsymbol{x}^{(i)})$ 越大，损失函数 $J(\boldsymbol{\theta})$ 越小；对于负样本，$h_{\boldsymbol{\theta}}(\boldsymbol{x}^{(i)})$ 越大，$J(\boldsymbol{\theta})$ 越大。

3）求解 $J(\boldsymbol{\theta})$ 的最小值

根据上一节可以看到，最优决策会对训练样本进行最准确的预测，会使得损失函数的值最小。所以，此问题转变成了一个优化问题：

$$\boldsymbol{\theta} = \arg\min_{\boldsymbol{\theta}} J(\boldsymbol{\theta})$$

(2.28)

使得损失最小的 $\boldsymbol{\theta}$ 即为最优分类面。可以使用梯度下降法或者牛顿法等数值计算方法求解这个问题。图 2.8 为使用逻辑回归模型处理线性二分类问题的仿真结果。

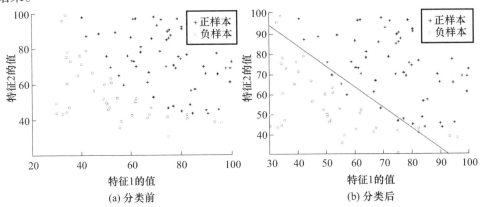

(a) 分类前　　　　　　　　　　(b) 分类后

图 2.8　逻辑回归分类结果（见彩图）

4）逻辑回归的扩展

上面介绍逻辑回归模型时以线性二分类问题为例进行说明，而要解决更复杂的实际问题时，往往需要进行一些拓展。包括以下几个方面。

正则化（Regulation）：在实际训练过程中，考虑到过拟合问题，实际损失函数 $J(\boldsymbol{\theta})$ 要加入正则项：

$$J(\boldsymbol{\theta}) = \frac{1}{m}\sum_{i=1}^{m}\left[-y^{(i)}\log(h_{\boldsymbol{\theta}}(\boldsymbol{x}^{(i)})) - (1-y^{(i)})\log(1-h_{\boldsymbol{\theta}}(\boldsymbol{x}^{(i)}))\right] + \frac{\gamma}{2}\sum_{j=1}^{n}\boldsymbol{\theta}_j^2$$

(2.29)

式中:γ 为正则项系数,γ 值越大过拟合纠正效果更好,但是 γ 过大会造成欠拟合;n 为决策面参数个数。

非线性分类问题:逻辑回归模型在处理非线性问题时(即各类样本线性不可分),往往先将原有特征 x 进行非线性映射,比如多项式映射:$z_1 = x_1^2, z_2 = x_1 x_2 \cdots$,得到新的特征集合 z 后再进行线性分类,以达到非线性分类的效果。图 2.9 为使用逻辑回归模型处理非线性二分类问题的仿真结果。

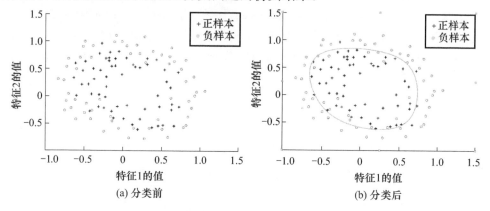

图 2.9 逻辑回归模型非线性分类效果示意图(见彩图)

多分类问题:逻辑回归问题在处理多分类问题时,通常改变假设函数 $h_\theta(x)$,用 Softmax 函数来替代 Sigmoid 函数,样本被判定为 j 类的概率如下:

$$P(y = j \mid x; \theta) = h_\theta(x, j) = \frac{e^{\theta_j^T x}}{\sum_{l=1}^{k} e^{\theta_j^T x}} \quad (2.30)$$

式中:k 为分类问题的总类别数。通常把假设函数 $h_\theta(x, j)$ 输出最大的那个类作为分类结果。对应的损失函数也需要更新为

$$J(\theta) = \sum_{i=1}^{m} \sum_{j=1}^{k} \left[-1\{y^{(i)} = j\} \log(h_\theta(x^{(i)}, j)) \right] + \frac{\gamma}{2} \sum_{i=1}^{n} \sum_{j=1}^{k} \theta_{ij}^2 \quad (2.31)$$

式中:$1\{y^{(i)} = j\}$ 表示当且仅当 $y^{(i)} = j$ 时,该式取 1,其余情况都取 0。

2.3.2.2 支持向量机

支持向量机(SVM)是一种监督的学习方法,常用于解决各类模式识别问题以及回归问题。1963 年,Vapnik 在解决模式识别问题时提出了支持向量方法,定义起决定性作用的样本为支持向量。1971 年,Kimeldorf 提出基于支持向量构建核空间的方法。1995 年,Vapnik 等人正式提出 SVM 理论体系[13],并将核函数法运用在处理非线性问题上。

在处理非线性问题时,常常要把样本空间映射至高维空间再进行线性分割,这

往往会增加计算复杂度,甚至会引发维数灾难问题。然而,SVM 利用核函数可以有效地解决这一问题,SVM 被证明在处理复杂的非线性问题上有着极高的效率,这也是它能被广泛应用的主要原因。本节主要就线性 SVM 和非线性 SVM 两部分由浅入深地阐述 SVM 的核心思想。

1) 线性 SVM

简单来说,SVM 的核心假设是构造一个最大间隔决策面,使得各类别中的样本与决策面的几何距离(即到决策面的垂直距离)尽可能大。以最简单的二分类问题为例进行说明,如图 2.10 所示,叉和圆分别表示正负样本,$\boldsymbol{\theta}^{\mathrm{T}}\boldsymbol{x}+b=0$ 表示最佳决策面。分类时,当输入新的样本 $\boldsymbol{x}'$ 时,若 $\boldsymbol{\theta}^{\mathrm{T}}\boldsymbol{x}+b \geqslant 0$,则此样本被预测为正样本,反之为负样本。

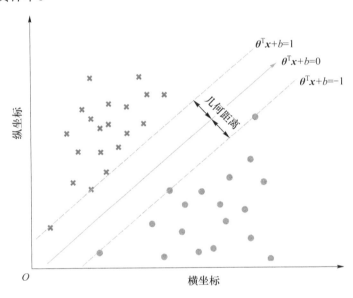

图 2.10　SVM 决策面示意图(见彩图)

对于样本 $(\boldsymbol{x}^{(i)},y^{(i)})$,$\boldsymbol{x}^{(i)}$ 是它的特征向量,$y^{(i)}$ 是它的真实分类(注意:为了方便解释 SVM 的数学计算,在这里 $y^{(i)}$ 对于正负样本分别取 ±1)。由几何学知识可得,该样本到决策面的几何距离 d 的表达式为

$$d = \frac{y^{(i)}(\boldsymbol{\theta}^{\mathrm{T}}\boldsymbol{x}^{(i)}+b)}{\|\boldsymbol{\theta}\|} \tag{2.32}$$

值得注意的是,标签 $y^{(i)}$ 使得几何距离 d 保持为正值。那么根据 SVM 最小间隔的假设,求解最佳决策面就转换成了一个使得训练样本平均几何距离最大的优化问题:

$$\max_{\boldsymbol{\theta},b} \frac{1}{m} \sum_{i=1}^{m} \frac{y^{(i)}(\boldsymbol{\theta}^{\mathrm{T}}\boldsymbol{x}^{(i)}+b)}{\|\boldsymbol{\theta}\|} \tag{2.33}$$

式中:m 为训练样本总数。这个最小优化问题同时等价于一个带约束的极小值优化问题:

$$\min_{\boldsymbol{\theta},b} \frac{1}{2}\|\boldsymbol{\theta}\|^2 \quad \text{s.t.} \quad y^{(i)}(\boldsymbol{\theta}^{\mathrm{T}}\boldsymbol{x}^{(i)}+b) \geq 1 \quad i=1,2,\cdots,m \tag{2.34}$$

在规定了函数举例 $y^{(i)}(\boldsymbol{\theta}^{\mathrm{T}}\boldsymbol{x}^{(i)}+b)$ 不小于 1 的情况下,$\|\boldsymbol{\theta}\|^2$ 应尽可能小,这样就使得几何举例尽可能小。所以这两个优化问题等价,符合 SVM 的假设。同时,定义正负样本中距离决策面最近的点(函数距离 $y^{(i)}(\boldsymbol{\theta}^{\mathrm{T}}\boldsymbol{x}^{(i)}+b)=1$ 的点)为支持向量。

根据拉格朗日乘子法以及 KKT 条件[14],这个带约束的优化问题可以转变为非限制性优化问题:

$$\min_{\boldsymbol{\theta},b} \max_{\alpha^{(i)} \geq 0} \frac{1}{2}\|\boldsymbol{\theta}\|^2 - \sum_{i=1}^{m} \alpha^{(i)}(y^{(i)}(\boldsymbol{\theta}^{\mathrm{T}}\boldsymbol{x}^{(i)}+b)-1) \tag{2.35}$$

式中:$\alpha^{(i)}, i=1,2,\cdots,m$ 为非负的拉格朗日系数。值得注意的是,为了满足

$$\max_{\alpha^{(i)} \geq 0} \frac{1}{2}\|\boldsymbol{\theta}\|^2 - \sum_{i=1}^{m} \alpha^{(i)}(y^{(i)}(\boldsymbol{\theta}^{\mathrm{T}}\boldsymbol{x}^{(i)}+b)-1) \tag{2.36}$$

这一优化式,当 $y^{(i)}(\boldsymbol{\theta}^{\mathrm{T}}\boldsymbol{x}^{(i)}+b)>1$ 时,$\alpha^{(i)}$ 只能取 0。也就是说只有支持向量的拉格朗日系数大于 0。

通过 SMO 算法[15]求得 $\alpha^{(i)}$ 后,最终解决优化问题,求得最优决策面参数:

$$\boldsymbol{\theta}^* = \sum_{i=1}^{m} \alpha^{(i)} y^{(i)} \boldsymbol{x}^{(i)} \tag{2.37}$$

$$b^* = \sum_{i=1}^{m} -\frac{\max_{i \in y^{(i)}=-1} \boldsymbol{\theta}^{*\mathrm{T}}\boldsymbol{x}^{(i)} + \min_{i \in y^{(i)}=1} \boldsymbol{\theta}^{*\mathrm{T}}\boldsymbol{x}^{(i)}}{2} \tag{2.38}$$

当输入新的样本 $\boldsymbol{x}'$ 时,分类函数 $f(\boldsymbol{x}')$ 可表示为

$$f(\boldsymbol{x}') = \boldsymbol{\theta}^{\mathrm{T}}\boldsymbol{x}' + b = \sum_{i=1}^{m} (\alpha^{(i)} y^{(i)} \boldsymbol{x}^{(i)})^{\mathrm{T}} \boldsymbol{x}' + b^* \tag{2.39}$$

由于只有支持向量的拉格朗日系数 $\alpha^{(i)}$ 大于 0,在实际计算中,只需要计算支持向量即可。图 2.11 是一个用 SVM 处理线性二分类问题的结果。

2) 非线性 SVM

对于非线性分类问题,首先要将特征通过一个非线性映射 $\varphi(\boldsymbol{x})$ 变换到一个更高维的空间,使其转化成一个线性可分的状态,再参照线性分类的方法求解。此时

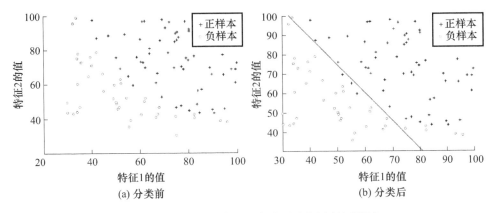

图 2.11 SVM 处理线性分类效果示意图（见彩图）

的分类函数 $f(\boldsymbol{x}')$ 可以写作

$$f(\boldsymbol{x}') = \sum_{i=1}^{m} \alpha^{(i)} y^{(i)} \langle \varphi(\boldsymbol{x}^{(i)}), \varphi(\boldsymbol{x}') \rangle + b^* \qquad (2.40)$$

式中：$\langle \varphi(\boldsymbol{x}^{(i)}), \varphi(\boldsymbol{x}') \rangle$ 是特征向量经过非线性映射后的内积。

若非线性映射为二次型映射，且假设输入特征只有二维 (x_1, x_2)，那输出特征的维数就有五维 $(x_1, x_2, x_1^2, x_2^2, x_1 x_2)$；当输入特征为三维时，输出特征则为十九维。在实际应用中，输入特征维数很大，新映射的高维空间维数呈指数增长，导致高维空间的线性分类计算量十分大，这样的问题被称为"维数灾难"。

为了解决维数灾难的问题，非线性 SVM 模型引入了核函数的概念，用低维空间的核函数 $k(\boldsymbol{x}^{(i)}, \boldsymbol{x}')$ 来等价高维空间的内积 $\langle \varphi(\boldsymbol{x}^{(i)}), \varphi(\boldsymbol{x}') \rangle$。非线性 SVM 的分类函数 $f(\boldsymbol{x}')$ 可以写成

$$f(\boldsymbol{x}') = \sum_{i=1}^{m} \alpha^{(i)} y^{(i)} k(\boldsymbol{x}^{(i)}, \boldsymbol{x}') + b^* \qquad (2.41)$$

下面列举几个常用的核函数：

（1）线性核函数：$k(\boldsymbol{x}^{(i)}, \boldsymbol{x}') = \langle \boldsymbol{x}^{(i)}, \boldsymbol{x}' \rangle$。为了统一，一般把线性 SVM 时的内积也当作核函数的一种。

（2）多项式核函数：$k(\boldsymbol{x}^{(i)}, \boldsymbol{x}') = (\langle \boldsymbol{x}^{(i)}, \boldsymbol{x}' \rangle + 1)^d$。多项式核函数具有良好的全局性质。

（3）径向基核函数：$k(\boldsymbol{x}^{(i)}, \boldsymbol{x}') = \exp\left(\dfrac{-\|\boldsymbol{x}^{(i)} - \boldsymbol{x}'\|^2}{2\sigma^2}\right)$。径向基核会将原始特征空间映射到无穷维。$\sigma$ 为可调参数，σ 取值越大，高次特征的作用越小，有利于防止过拟合，但同时 σ 过大也会造成欠拟合问题。

综上所述,SVM 在处理非线性问题时十分高效,主要受利于以下两方面:①只有支持向量的拉格朗日系数 $\alpha^{(i)}$ 大于 0,在实际计算中,只需要考虑支持向量即可,使得计算量大大缩减;②引入核函数,将高维空间的运算转换成低维空间的运算,低维特征空间的维数远小于高维映射空间,极大地减少了计算量。

2.3.2.3 人工神经网络

1943 年,生理学家麦卡洛克和数学家皮茨合作提出了第一个人工神经元模型[16],就此拉开了人工神经网络研究的序幕。神经元是由输入 x,连接权值 w 及线性激活函数等几部分组成。一个个神经元相互连接就组成了人工神经网络(下面简称神经网络),从定义来看,神经网络以神经元为基本单元,基于对人脑神经网络的基本认识,从信息处理的角度出发,使用数理方法对人脑神经网络进行抽象并建立某种简化模型。神经网络旨在模仿人脑结构及其功能的信息处理系统,但它并不是人脑生物神经网络的真实写照,而只是对人脑的简化、抽象和模拟。神经网络运作过程分为学习和工作两种状态,网络的学习主要是指使用学习算法来调整神经元之间的连接权,使得网络输出更接近期望输出值,接近程度通常需要使用预先选好的损失函数进行评价,参数调整过程通常对应着损失函数寻优过程。网络的工作状态是指固定已经训练好的连接权,将神经网络作为分类器、预测器等使用。神经元模型见图 2.12。

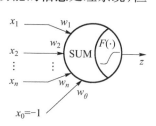

图 2.12 神经元模型

神经网络在结构和问题处理能力上都与上文所述的逻辑回归、SVM 等学习方式有所不同,从模型结构来看,神经网络的处理单元具有高度并行性与分布性。这些特性使神经网络在信息处理方面具有信息的分布存储、并行计算和存储处理一体化的特点,为神经网络带来较快的处理速度和较强的容错能力。从模型能力来看,神经网络具有自适应性,即系统能改变自身的性能以适应环境变化的能力。由于结构和问题处理能力上的提升,神经网络在功能上表现出非凡的智能特点。首先是非线性映射功能,神经网络能够通过对输入、输出样本学习,实现对任意复杂的非线性函数的任意精度拟合;其次是联想记忆功能,神经网络能够通过预先存储信息的学习或自适应学习机制,从不完整的信息和干扰噪声中恢复出原始的完整信息。下文将从神经网络模型种类及激活函数的类型进行具体介绍。

1)神经网络的模型

神经网络是由大量的神经元互联而构成的网络。根据网络中神经元的互联方式及网络内部信息传递方向,常见网络结构主要分为以下两种类型:前馈神经网络、反馈神经网络。

目前,神经网络模型中最常用的是前馈神经网络(也称前向神经网络)。该网络被称为"前馈"是因为网络中信息处理的方向是从输入层到各隐藏层,再到输出层,网络中前一层的输出作为下一层的输入,信息的处理具有逐层传递进行的方向性。图 2.13 就是一个典型的带有一个隐藏层的三层全连接前馈神经网络,它包含输入层、隐藏层、输出层。层与层之间通过连接权进行连接,并使用激活函数进行激活操作,得到下一层的输入。感知机和 BP 神经网络就属于前馈网络。

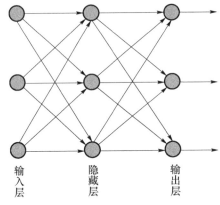

图 2.13 三层前馈神经网络

对于一个 3 层的前馈神经网络 N,用 x 表示网络的输入向量,w_i 表示网络第 i 层的连接权向量,$f_1 - f_3$ 表示神经网络各层的激活函数。

神经网络的第一层神经元的输出为

$$Ou_1 = f_1(x \cdot w_1) \tag{2.42}$$

即对输入变量 x 进行加权求和并通过激励函数得到第一层网络的输出:Ou_1

第二层的输出为

$$Ou_2 = f_2(Ou_1 \cdot w_2) \tag{2.43}$$

进而得到,输出层的输出为

$$Ou_t = f_3(Ou_2 \cdot w_3) \tag{2.44}$$

前馈神经网络通过许多具有简单处理能力的神经元的复合作用,使整个网络具有复杂的非线性映射能力。然而从计算的观点看,前馈型神经网络大部分是学习型网络,并不具有动力学行为。网络所建立的输入、输出之间的关系往往是静态的,而实际应用中的被控对象通常都是时变的。采用静态神经网络建模不能准确描述系统的动态性能。在这种情况下,反馈型神经网络给人们提供了可以从不同方面利用复杂的性质完成各种计算的功能,被广泛应用。

反馈型神经网络是一种从输出到输入具有反馈连接的神经网络,其结构比前馈网络要复杂得多,反馈型神经网络的结构与单层全互联结构网络相同,网络中的所有节点都具有信息处理功能,而且每个节点既可以从外界接受输入,同时又可以向外界输出。对于反馈型神经网络而言,所有节点都是计算单元,可以用一个无向图来表示[17],如图 2.14 所示。典型的反馈型神经网络有 Elman 网络和 Hopfield 网络。

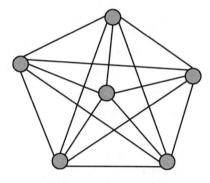

图 2.14　反馈神经网络

2) 神经网络常用的激活函数

激活函数是神经元结构的核心,输入量完成加权求和之后需要通过激活函数产生输出结果。不同的神经元组合又构建出不同的神经网络,所以说,激活函数在一定程度上决定了网络解决问题的能力和功效。目前常用的激活函数主要有线性函数、阈值函数、修正线性函数、S 型函数、双曲正切函数。

(1) 线性函数

$$f(x) = k \times x + c \tag{2.45}$$

(2) 阈值函数

$$f(x) = \begin{cases} 1 & x \geq c \\ 0 & x < c \end{cases} \tag{2.46}$$

(3) 修正线性函数

$$f(x) = \begin{cases} T & x > c \\ k \times x & |x| \leq c \\ -T & x < -c \end{cases} \tag{2.47}$$

(4) S 型函数

$$\sigma(x) = \frac{1}{1 + e^{-ax}} \tag{2.48}$$

（5）双曲正切函数

$$\tanh(x) = \frac{e^{ax} - e^{-ax}}{e^{ax} + e^{-ax}} \tag{2.49}$$

2.3.3 无监督学习

无监督学习是对没有标签的数据进行分类的过程，其中代表性的方法为聚类分析。通过聚类分析可以发现隐含在数据集中的类，标识出有意义的模式或分布。聚类问题是将一组对象分成若干个类，使得每一类中的对象尽可能具有最大的相似性，而不同类之间的对象尽可能有最大的相异性。聚类的过程是一个寻找最优划分的过程，即根据聚类质量的评价准则或方法不停地对数据集进行聚类与分析，进而获得聚类的最优解[18]。

典型的聚类过程主要由以下3个部分组成：

（1）特征选择：依据经验，采用特定的特征提取方法，从原始数据中获取数据特征。

（2）聚类：选择适当的距离函数来衡量样本间的近似程度，利用相应的聚类算法，获取最终的聚类中心及聚类结果。

（3）聚类结果评估：通过评价函数对多次聚类结果进行评估，并选取最优解。

K-means算法是无监督聚类中的经典方法之一，其基本思想以及在其基础上的改进算法在无监督学习的诸多问题中都有很好的应用。

K-means算法是一种基于距离的聚类算法，该方法采用距离作为度量样本间相似性的评价指标，即两个样本之间的距离越大，其相似性就越小。通过将该算法把相似性大的样本分为一类，最终完成聚类的任务。

假设数据集共有 N 个训练样本，将其划分为 K 个类，其中 K 小于观测数 N。令 x_i 表示训练集中的第 i 个样本。定义如下公式：

$$j = C(i) \quad i = 1, 2, \cdots, N \tag{2.50}$$

该公式表示一个多对一的映射器，表示第 i 个训练样本 x_i 根据特定规则划分到第 j 个聚类中。定义样本 x_i 和 $x_{i'}$ 对之间的距离为 $d(x_i, x_{i'})$，用该距离来衡量样本之间的相似性，当距离 $d(x_i, x_{i'})$ 足够小的时候，x_i 和 $x_{i'}$ 被分配到相同的类中；反之，则将它们分配到不同的类中。

为了求解每个类的聚类中心，引入下面的代价函数：

$$J(C) = \frac{1}{2} \sum_{j=1}^{K} \sum_{C(i)=j} \sum_{C(i')=j} d(x_i, x_{i'}) \tag{2.51}$$

对于预先指定的 K，要求找到使得代价函数 $J(C)$ 最小的分类器 $C(i) = j$。

K-means 算法的一般步骤如表 2.1 所列。

表 2.1　K-means 算法流程

(1) 从 n 个数据对象任意选择 k 个对象作为初始聚类中心；
(2) 针对每个初始聚类中心，分别计算每个对象与这些中心对象的距离，并根据最小距离重新对对象进行类的划分；
(3) 重新计算每个类中所有对象的均值（即新的聚类中心）；
(4) 循环(2)到(3)，直到每个聚类不再发生变化为止。

算法具体流程为：首先从 n 个数据对象中任意选择 k 个对象作为初始聚类中心；而对于其余对象，则根据它们与这些聚类中心的相似度（距离），分别将它们分配给与其最相似的聚类；然后再重新计算每个新聚类的聚类中心（该聚类中所有对象的均值）；不断重复这一过程直到标准测度函数收敛为止。一般都采用均方差作为标准测度函数。在完成聚类以后，聚类结果具有以下特点：各聚类本身尽可能地紧凑，而各聚类之间尽可能地分开。

在设计聚类算法的时候，有如下 4 个问题需要考虑：

(1) 聚类数目 K 的选择。在有些问题中，聚类数目 K 是已知的，这样根据上面介绍的思路设计相应的算法即可。然而在大多数实际问题中，K 的值是未知的，因此就需要通过另外的一些手段与方法，合理地设定并选取 K 的值。

(2) 初始聚类中心的选择。初始聚类中心的选取对算法性能有很大的影响，如果选取不好，会使得所获取的类的质量很差。常用的方法是随机选取初始聚类中心，采用多次运行的方法，每次选取一组不同的聚类中心，然后选取具有最小均方误差的聚类结果。

(3) 样本相似性度量。常用的距离度量方法包括：欧氏距离和余弦相似度。欧氏距离度量会受指标不同的单位刻度的影响，所以一般需要先进行归一化，距离越大，个体间差异越大；空间向量余弦夹角的相似度度量不会受指标刻度的影响，余弦值落于区间[-1,1]，值越大，差异越小。

(4) 算法的停止条件。通常目标函数达到最优或者达到最大迭代次数时即可终止算法。对于不同的距离度量，目标函数往往不同。当采用欧氏距离时，目标函数一般为最小化所有测试样本到其聚类中心的距离平方和。

2.3.4　强化学习

强化学习是机器学习领域的重要方法之一，主要研究行为主体如何通过环境状态的变化，确定采取何种动作，以获得最大的期望回报。强化学习的目的是学习一种从环境状态到动作措施的一种映射，以使得总体回报值最大。强化学习的过程示意图如图 2.15 所示[19]。其含义：在时刻 t，环境处于状态 s_t，智能体（通常称为"Agent")采取动作 a_t 使环境转移到状态 s_{t+1},并得到即时回报信号 r_{t+1}。起初 Agent 并不知道应该采取什么动作,它必须不断尝试做出动作以发现哪些动作的回报值最大,即"试错搜索"。另一方面,我们不仅要考察 Agent 在某一时刻采取的动作 a_t 的即时回报,更应该从长远角度考虑该动作所带来的整体效益,即"延迟回报"。试错搜索和延迟回报是强化学习中最重要的两个特征。

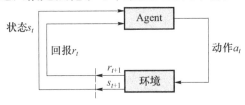

图 2.15 强化学习示意图

强化学习涉及四个基本要素:

1) 环境模型(Environment Model)

环境模型是对外界环境的完整描述,包括状态转移矩阵、即时回报矩阵等。

2) 策略(Policy)

策略是指从环境状态到动作措施的映射,通常用 π 表示。$\pi(s_t, a_t)$ 即环境在时刻 t 处于状态 s_t 时 Agent 采取动作 a_t 的概率。

3) 回报(Reward)

回报是环境对 Agent 采取动作后的响应,用 r_t 表示,是一个即时回报信号。

4) 价值函数(Value Function)

价值函数表示状态 s_t 或状态-动作对 $<s_t, a_t>$ 的延迟回报,是从长远角度考察某个状态或状态-动作对的好坏。如何有效地估计价值函数几乎是所有强化学习算法所研究的核心问题。

如前文所述,强化学习的目标就是从长远角度最大化 Agent 接收到的回报,即最大化延迟回报。那么如何表示延迟回报呢?一个直观方法就是用 t 时刻后的即时回报的累加和(即累积回报):

$$R_t = r_{t+1} + r_{t+2} + \cdots + r_T \tag{2.52}$$

式中:T 为终止时刻。当 Agent 与环境的交互可以被自然地划分为多个子序列(每一个序列被称为一个"幕"(Episode))时,T 对应的状态即为每个幕的终止状态。称这种情况为"分幕式任务(Episodic Tasks)"。例如,五子棋任务(只要有 5 个字连成一条线就为一个终止状态)。与这种情况对应的是交互是不断地、连续地进行的,即"连续式任务(Continuing Tasks)",此时 T 趋于无穷大。自然地,还可以在式(2.52)的累积回报中加入一个折扣因子 γ:

$$R_t = r_{t+1} + \gamma r_{t+2} + \gamma^2 r_{t+3} + \cdots = \sum_{k=0}^{\infty} \gamma^k r_{t+1+k} \tag{2.53}$$

式中:γ 在 0~1 之间,其值的大小反映了系统对未来回报的重视程度。

有两种价值函数的表达方式:

(1) 在某种策略 π 下状态 s 的值,用以 s 作为起始状态而得到的延迟回报的期望来表示:

$$V^\pi(s) = E_\pi\{R_t \mid s_t = s\} = E_\pi\left\{\sum_{k=0}^{\infty} \gamma^k r_{t+1+k} \mid s_t = s\right\} \tag{2.54}$$

(2) 策略 π 下状态-动作对 $<s,a>$ 的值:

$$Q^\pi(s,a) = E_\pi\{R_t \mid s_t = s, a_t = a\} = E_\pi\left\{\sum_{k=0}^{\infty} \gamma^k r_{t+1+k} \mid s_t = s, a_t = a\right\} \tag{2.55}$$

当对所有的状态 s 均满足 $V^\pi(s) \geqslant V^{\pi'}(s)$ 时,认为策略 π 比策略 π' 好。在强化学习中,至少有一个策略 π^* 比任意其他策略都要好,称其为"最优策略"。

在强化学习中,Agent 是基于环境的状态来进行动作决策的,要求环境状态满足或近似满足马尔可夫性。所谓马尔可夫性,是指环境在 $t+1$ 时刻的响应仅依赖于它在时刻 t 时的状态及其接收到的动作。马尔可夫性极大地简化了问题的复杂度,是几乎所有强化学习算法的一个基本假设前提。满足马尔可夫性的强化学习问题被称为"马尔可夫决策过程(MDP)"。

2.3.5 深度学习

深度学习模型就是具有多个隐藏层的神经网络。长期以来,高效地对深度学习模型进行训练一直是其应用于实践的瓶颈。直到 2006 年,加拿大多伦多大学教授 Hinton 发表了一篇文章[20],有效地解决了深度学习模型的训练问题,从此开启了深度学习在学术界和工业界的浪潮。深度学习近十年正在取得重大进展,除了在图像识别、语音识别等领域极大地刷新了识别准确率的纪录以外,它还在自然语言理解的各项任务中产生了非常可喜的成果。深度学习可以自动地从数据中学习知识,正在被越来越多的研究人员关注。

2.3.5.1 深度信念网络

深度信念网络(DBN)[20] 由多个受限玻耳兹曼机(RBM)组成,一个典型的 DBN 模型如图 2.16 所示。这些网络被"限制"为一个可视层和一个隐藏层,层间存在连接,但层内的单元间不存在连接。隐层单元被训练以捕捉在可视层表现出来的高阶数据的相关性。

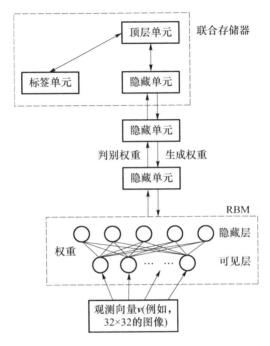

图 2.16 深度信念网络

先不考虑构成一个联想记忆（Associative Memory）的最顶两层，一个 DBN 的连接是通过自顶向下的生成权值来指导确定的，相比传统的 Sigmoid 信念网络，RBM 更易于连接权值的学习。最开始的时候，DBN 通过无监督逐层训练的方法去预训练（Pre-traning）获得生成模型的权值。在预训练阶段，每次训练一层隐节点，训练时将上一层隐节点的输出作为输入，而本层隐节点的输出则作为下一层隐节点的输入。通过这种方式，训练时间会显著地减少，因为只需要单个步骤就可以接近最大似然学习。在最高两层，权值被连接到一起，这样更低层的输出将会提供一个参考的线索或者关联给顶层，这样顶层就会将其联系到它的记忆内容。

在预训练后，DBN 可以根据带类别标签的训练数据利用反向传播（BP）算法对整个网络进行"微调"（Fine-tuning）。在这里，一个标签集将被附加到顶层（推广联想记忆），通过自下向上的方式学习获得网络的分类面。这会比用单纯的 BP 算法训练整个网络效果好。这可以很直观地解释：DBN 的 BP 算法只需要对权值参数空间进行一个局部的搜索，这相比前向神经网络来说，训练速度更快、收敛时间更少。

目前，和 DBN 有关的研究包括堆叠自动编码器，它是通过用堆叠自动编码器来替换传统 DBN 里面的 RBM。这就使得可以通过同样的规则来训练产生深度多层神经网络架构。与 DBN 不同，自动编码器使用判别模型，这种结构很难对输入的样本空间进行采样,这就使得网络很难捕捉样本之间的内在关联。但降噪自动编码器却能很好地避免这个问题,并且比传统的 DBN 性能更优。它通过在训练过程添加随机的污染并堆叠产生场泛化性能。训练单一的降噪自动编码器的过程和 RBM 训练生成模型的过程一样。

2.3.5.2 卷积神经网络

卷积神经网络(CNN)是深度学习的一种,早在 20 世纪 60 年代,Hubel 和 Wiesel 在研究猫脑皮层中用于局部敏感和方向选择的神经元时发现了其独特的网络结构,继而提出了卷积神经网络。CNN 和传统的神经网络在结构上非常相似,但由于它对于神经网络的独特改进,从而有效地降低了网络的复杂度,因此也成为最早被成功训练的神经网络之一[21-22]。

CNN 使用了 4 个关键的想法来充分利用原始数据的属性,分别是局部连接、权值共享、采样以及多网络层的使用。

卷积层的作用是探测上一层的局部特征形成特征图,而采样层的作用则是把特征图的相邻单元合并起来。一般地,取一个局部块的最大值,因为这样做就减少了表达的维度以及对数据的平移不变性。卷积层、非线性映射层以及采样层被串联起来之后,再加上一个全连接层,就可以构成一个简单的卷积神经网络。

使用卷积出于两方面的原因。首先,在数组数据中,比如图像数据,一个值的附近的值经常是高度相关的,可以形成比较容易被探测到的有区分性的局部特征。其次,在一个地方出现的某个特征,也可能出现在别的地方,所以不同位置的单元可以共享权值以及可以探测相同的样本。在数学上,这种特征图的滤波操作相当于做卷积,卷积神经网络由此得名。一般神经网络和卷积神经网络的结构对比如图 2.17 所示。

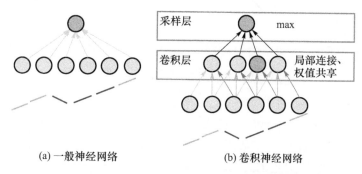

图 2.17 一般神经网络和卷积神经网络的结构对比(见彩图)

采样层亦称为池化层(Pooling),其作用是基于局部相关性原理进行亚采样,从而在减少数据量的同时保留有用信息。如图 2.18 所示,要识别一条包含 6 个线段的折线中是否包含"✓",这个任务如果用普通的神经网络来做,单层网络需要6个参数;而如果用CNN来识别,由图2.18可以看出,由于3条线段即可形成"对号",并且"对号"出现在任何一个位置都可以,因此卷积层可以通过"局部连接"减少参数个数,从而降低了模型的复杂度。

图2.18　识别在一条折线中是否有"对号"出现

CNN节省训练开销的策略是"权值共享",即让一组神经元使用相同的连接权。以CNN进行手写数字识别任务为例[21],如图2.19所示,网络输入是一个32×32的手写数字图像,输出是识别结果。CNN复合多个卷积层和采样层对输入信号进行加工,然后在全连接层实现与输出目标之间的映射。每个卷积层都包含多个特征映射,每个特征映射是一个由多个神经元构成的"平面",通过一种卷积滤波器提取输入的一种特征。CNN可用BP算法进行训练,但在训练中,无论是卷积层还是采样层,其每一组神经元都是用相同的连接权,从而大幅减少了需要训练的参数数量。

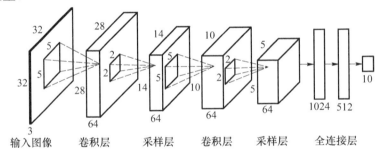

图2.19　CNN用于手写数字识别任务

CNN已成功地应用于目标检测、物体分割、图像识别、自然语言处理等诸多领域,比如交通信号识别、生物信息分割、人脸检测、广告点击率预估,以及文本、行人、自然图像中的人体探测。值得一提的是,CNN还被集成在了谷歌公司打造的顶级智能围棋机器人AlphaGo中。

2.3.5.3　循环神经网络

循环神经网络(RNN)最早是一种处理内部状态或具有短期记忆功能的类神经网络模型[23-25]。近几年随着深度学习理论的飞速发展,RNN也逐渐成为实用的深度神经网络模型之一,其目的是用来处理时间序列的数据,在机器自然语言处理任务中已经展现了卓越的效果。

在传统的神经网络和卷积神经网络中,从输入层要经过隐藏层再到输出层,层与层之间是有连接的,而层内的神经元之间无连接。这种前馈式的结构能完成许多工作,但当输出不仅与当前时刻的输入有关,还与之前的输入有关时,这种前馈式的结构就很难表现出输入时间轴上的相关性了。RNN 通过对传统神经网络加入同一层内神经元的连接,使得每个神经元的输入除了取决于上一层神经元的输出外,还取决于与该神经元连接的同层神经元上一时刻的输出。理论上,RNN 能够处理任意长度的时间序列,但实际中为了降低模型的复杂度,往往只会假设当前状态只与前几个时刻的状态有关。图 2.20 为一个简单的 RNN 模型。

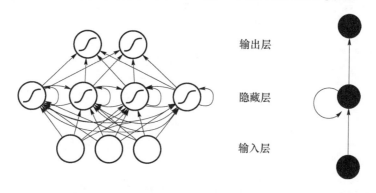

图 2.20　RNN 模型

对传统的 RNN 使用 BP 算法进行权值训练时,会出现时间轴上的梯度消失问题。具体表现为:RNN 只能记住最近几个状态的影响,而不能够表达出时间间隔长的输入的影响。为了解决这一问题,提出了长短时记忆模型(LSTM)[26]。该模型比传统的 RNN 能够更好地表达长短时依赖问题,它与一般的 RNN 没有本质上的区别,在隐藏层使用了被称为 LSTM cell 的结构,该结构具有保存之前状态的功能,如图 2.21 所示。

LSTM 模型虽然一定程度上解决了 RNN 的长时依赖问题,但在 RNN 的权值训练问题上还有很多困难,为此发展出了相应的改良版本如 CW-LSTM[27] 等。

2.3.6　深度强化学习

深度强化学习(Deep Reinforcement Learning)是机器学习领域近两年来迅猛发展起来的一个分支,它把深度学习模型引入到强化学习中,从而使得计算机能够在复杂环境下解决从感知到决策控制的问题。

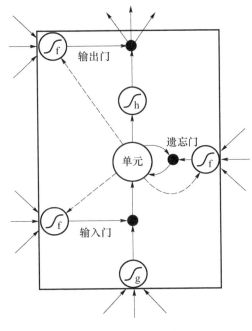

图 2.21　LSTM 架构

2.3.6.1　基本概念

传统的强化学习算法在估计值函数时，通常是在有限状态空间上进行的，环境的每个状态用一个"编号"表示，而值函数则是通过"表格"的形式存储的，Agent 在每次迭代时，通过"查表"的方式更新状态或状态-动作对的累积回报值。当 Agent 面临的环境状态数很多甚至是连续状态空间时，算法将占用大量内存，且学习效率很低。

深度学习是一种通过具有多个隐藏层的人工神经网络来对数据之间的复杂关系进行建模的算法。输入层接收训练数据集中每个样本的特征参数向量；然后经过多个隐藏层完成复杂的非线性特征映射，每层对应一个特定的特征、因素或概念，高层概念取决于低层概念，而且同一低层的概念有助于确定多个高层概念；输出层则给出预测结果。近年来，随着大数据时代的到来以及计算机硬件计算能力的提升，深度学习模型已经在图像分类、语音识别、自然语言处理等领域获得了令人振奋的效果，并且仍在不断刷新着记录。

深度强化学习就是将深度学习和强化学习相结合，利用深度学习模型强大的数据表征能力对值函数进行泛化或直接从原始高维数据中学习最优策略，避免了传统强化学习算法存在的不足。深度强化学习的通用架构如图 2.22 所示，其中，深度学习算法接收环境状态的特征参数向量并给出表征问题的方式，而强化学习算法则定义优化的目标同时控制 Agent 与环境的迭代交互过程,二者相互配合,最终得到解决复杂问题的能力。

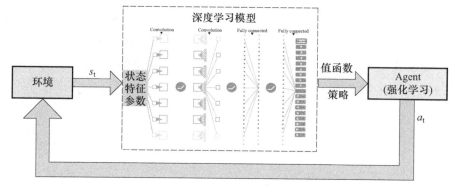

图 2.22 深度强化学习架构(见彩图)

2.3.6.2 研究现状

目前深度强化学习算法可以分为基于价值的深度强化学习、基于策略的深度强化学习,以及基于搜索与监督的深度强化学习三大类。

1)基于价值的深度强化学习

基于价值的深度强化学习就是利用深度学习模型对值函数进行"泛化(Generalization)",即把 Agent 从有限状态子集中获得的经验进行有效的泛化,使其能够对更大的状态空间产生正确的预测。

此类方法的典型代表是谷歌 DeepMind 团队于 2015 年发表在 Nature 杂志上的深度 Q 网络(DQN)[28],该方法采用卷积神经网络(CNN)作为深度学习模型,并通过"经验回放(Experience Replay)"减小了训练 CNN 时样本之间的强相关性。DQN 可以看作是深度强化学习的开山之作,并因其在多种 Atari 游戏上取得了超越人类水平的成绩而受到广泛关注。

为了解决经典强化学习与深度学习结合的不稳定问题,DQN 提出以下几点创新方式:

(1)在训练深度网络时,通常要求样本之间是相互独立的。为了缓解连续数据片段之间的关联性太大的问题,DQN 使用经验回放机制(Experience Replay)。在每个时间步 t 得到的转移样本经验 $e_t = (s_t, a_t, r_t, s_{t+1})$,交互过程中会将转移样本存储到经验记忆池 D 中。训练时,每次从 D 中随机抽取小批量(Minibatch)的样本,同时使用随机梯度下降(SGD)算法更新网络参数。这种随机采样的方式,大大降低了样本之间的关联性,从而提升了算法的稳定性[28]。

(2)在 2015 年的改进版本中,DQN 除了使用 CNN 拟合当前的值函数之外,还

单独使用了另一网络来产生目标 Q 值。具体来讲,用 $Q(s,a|\theta_t)$ 表示当前 Q 网络的输出,该 Q 值用来评估当前状态动作对的未来累计回报期望。$Q(s,a|\theta_t^-)$ 表示目标 Q 网络的输出,并根据最优贝尔曼方程,使用 $Y_t = r + \max_{a'} Q(s',a'|\theta_t^-)$ 表示 Q 函数的优化目标。训练时,当前 Q 网络的参数是实时更新的,而目标 Q 网络每经过 N 个时间步迭代,从当前 Q 网络拷贝一次参数,通过最小化当前 Q 值和目标 Y_t 之间的均方误差来更新网络参数。误差函数为 $L(\theta_t^-) = E_{s,a,r,s'}[(Y_t - Q(s,a|\theta_t^-))^2]$。引入目标 Q 网络后,由于在一段时间内目标值具有一定稳定性,这能够在一定程度上降低当前 Q 值和目标 Q 值之间的耦合性,进一步提升了算法的稳定性。

此后,针对 DQN 的改进也在不断进行,比较有代表性的工作包括双深度 Q 网络(Double DQN)[29]、优先回放(Prioritized Replay)[30] 和竞争网络(Dueling Network)[31] 3 种方法:Double DQN 的思想是分别用两个 DQN 进行动作选择和动作评估,以此减小计算误差;优先回放则根据 Q 值对经验池(Experience Pool)中的样本赋予不同的优先级,从而改进传统 DQN 中随机采样的不足;竞争网络则是把 Q 网络分成两个通道,一部分用来计算当忽略了一些动作时得到的奖励,另一部分用来计算当采取某一特定动作之后得到的回报,然后将二者的结果求和作为整体输出。以上方法均在 Atari 游戏中表现出了不同程度的性能提升。

此外,为了有效缓解状态信息的部分可观察的问题,Hausknecht 等人利用循环神经网络(RNN)来保存时间轴上连续的历史状态信息,提出了 DRQN(深度循环 Q 网络)模型[32]。实验证明在部分状态可观察的情况下,DRQN 表现出比 DQN 更好的性能。因此 DRQN 模型适用于普遍存在部分状态可观察问题的复杂任务。

2)基于策略的深度强化学习

基于策略的深度强化学习的思想是将 Agent 的策略用深度神经网络进行表征,然后通过梯度下降算法对策略进行不断优化,最终得到最优策略。

D. Silver 等人提出的确定策略梯度算法(DPG)是基于策略的深度强化学习的代表性算法[33],该算法利用值函数的期望梯度来近似估计策略梯度,并验证了在训练深度神经网络时,确定策略梯度比随机梯度下降更加高效。随后,Lillicrap 等人又利用 DQN 的思想对 DPG 进行了改进,提出了 Deep DPG 算法[34],该算法中的强化学习部分采用的是执行器 - 评价器(Actor-Critic)结构,可以有效解决连续动作空间中的学习问题。与之类似,Mnih 等人提出了更加通用的异步优势执行器 - 评价器(A3C)[35] 算法,A3C 通过异步训练,在提升性能的同时大大加快了深度神经网络的训练速度。A3C 算法利用 CPU 多线程的功能并行、异步地生成多个 Agent,并异步训练更新参数。在任意时刻,并行的 Agent 都将会经历许多不同的状态,这种模式可以不使用经验回放而去除采样状态转移样本经验之间的关联性。因此这种低消耗的异步执行方式可以很好地替代经验回放机制。在 A3C 的基础上，Jaderberg 等人进一步提出了无监督强化及辅助学习(UNREAL)算法[36]，该算法通过设置多个辅助任务，同时训练一个 A3C 网络，从而加快学习的速度，并进一步提升性能。UNREAL 在 Atari 游戏上取得了人类水平 8.8 倍的成绩，并且在更加复杂的 3D 迷宫环境 Labyrinth 上也达到了 87% 的人类水平。

3）基于搜索与监督的深度强化学习

除了基于值函数和基于策略梯度的深度强化学习算法之外，也可以在训练过程中增加额外的人工监督来加速策略搜索的过程，这就是基于搜索与监督的深度强化学习的核心思想。蒙特卡罗树搜索(MCTS)是一种经典的启发式策略搜索算法，被大量应用于博弈问题中的策略搜索问题。因此在基于搜索与监督的深度强化学习方法中，策略搜索一般是通过 MCTS 来完成的。

最典型的例子，就是著名的 AlphaGo 围棋算法[37]，它将深度神经网络和 MCTS 相结合，用以解决围棋状态空间巨大且精确评估棋盘状态、走子空间大等问题。AlphaGo 的主要思想有两点：①使用 MCTS 来近似评估每个状态的值函数；②使用基于值函数的卷积神经网络来评估棋盘的当前布局和走子。训练完成后的 AlphaGo 先后战胜了一位欧洲冠军和一位世界冠军棋手，充分证明了基于深度强化学习算法的计算机围棋算法已经达到了人类顶尖棋手的水准。AlphaGo 的成功对于通用人工智能的发展具有里程碑式的意义。

2.4 本章小结

本章第一节首先对人工智能理论进行了简述，然后从监督学习、无监督学习、强化学习深度学习，以及深度强化学习等方面对人工智能领域的重要分支——机器学习的理论和方法进行了介绍，表 2.2 对机器学习的方法分类及其相应的常用算法进行了归纳总结。

表 2.2 机器学习方法归纳

方法分类	简要描述	常用算法
监督学习	从带有标记信息的训练数据中学习目标函数，当新数据到来时，根据目标函数进行预测	（1）逻辑回归； （2）决策树； （3）人工神经网络； （4）支持向量机； （5）贝叶斯分类器

(续)

方法分类	简要描述	常用算法
无监督学习	从无标记训练样本中学习数据的内在性质和规律	聚类算法
强化学习	学习环境状态到行为措施之间的最优映射,即最优策略	(1)蒙特卡罗方法; (2)时序差分学习; (3)间接强化学习
深度学习	以人工神经网络模型为基础,通过增加隐藏层的数目来学习更加复杂的规律	(1)深度信念网络; (2)卷积神经网络; (3)循环神经网络
深度强化学习	利用深度学习强大的表征能力,解决高维空间的强化学习问题,寻求最优策略	(1)基于值函数的方法; (2)基于策略梯度的方法; (3)基于探索监督的方法

认知电子战需要引入人工智能理论及机器学习技术,使得对抗系统可以更快速有效地进行威胁感知、自主优化干扰策略以及在线评估干扰效果。依据具体的机器学习方法,可以建立目标威胁感知、干扰策略生成、干扰效果评估等模型与动态知识库之间的智能关联关系。一方面利用知识库的具体知识准确感知目标威胁、有效生成干扰策略、快速评估干扰效果;另一方面威胁感知、策略生成、效果评估等模型作用的结果可以反馈给知识库,实时更新与完善知识库的内容,由此可以形成一个具备自主学习能力的认知电子战系统。

参考文献

[1] Hutter M. Universal artificial intelligence: sequential decisions based on algorithmic probability [M]. Berlin: Springer, 2005.
[2] Rich E. Artificial intelligence [M]. New York: McGraw-Hill, 1983.
[3] Turing A M. Intelligent machinery: a heretical theory [J]. Philosophia Mathematica, 1996, 4(3): 105 – 109.
[4] 李国良. AlphaGo [J]. 智力:提高版, 2016, 4: 8 – 11.
[5] Boyd S, Vandenberghe L. 凸优化 [M]. 王书宁, 许鋆, 黄晓霖, 译. 北京:清华大学出版社, 2013.
[6] Bengio Y, Courville A. Deep learning [M]. Cambridge: MIT, 2016.
[7] 李航. 统计学习方法 [M]. 北京:清华大学出版社, 2012.
[8] Kuhn H W, Tucker A W. Nonlinear programming [C]// Berkeley Symposium on Mathematical Statistics and Probability. California: University of California Press, c1951: 481 – 492.

[9] Karush W. Minima of functions of several variables with inequalities as side constraints [D]. Chicago:Univ. of Chicago,1939.

[10] 周志华. 机器学习[M]. 北京:清华大学出版社,2016.

[11] Walker S H,Duncan D B. Estimation of the probability of an event as a function of several independent variables [J]. Biometrika,1967,54(1-2):167-178.

[12] Han J,Morag C. The influence of the sigmoid function parameters on the speed of backpropagation learning [C]// International Workshop on Artificial Neural Networks,June 7-9, 1995, Malaga-Torremolinos,Spain. Berlin:Springer,c1995:195-201.

[13] Cortes C,Vapnik V. Supportvector networks [J]. Machine Learning,1995,20(3):273-297.

[14] Mao X. 深入理解拉格朗日乘子法(Lagrange Multiplier)和 KKT 条件[EB/OL]. (2012-09-22). http://blog.csdn.net/xianlingmao/article/details/7919597.

[15] Platt J. Sequential minimal optimization: a fast algorithm for training support vector machines [J]. Advances in Kernel Methods-support Vector Learning,1998,208(1): 212-223.

[16] 朱大奇. 人工神经网络研究现状及其展望[J]. 江南大学学报(自然科学版),2004,3(1): 103-110.

[17] 黎嫣. 神经网络 NN[EB/OL]. (2014-02-18). http://www.cnblogs.com/Acceptyly/p/3554233.html.

[18] Mirkin B. Clustering: a data recovery approach [J]. Chapman & Hall Crc Computer Science & Data Analysis,2013,72(1):109-110.

[19] Sutton R S,Barto A G. Reinforcement learning: an introduction [J]. IEEE Transactions on Neural Networks,2013,9(5):1054.

[20] Hinton G, Osindero S,The Y W. A fast learning algorithm for deep belief nets [J]. Neural Computation,2006,18(7):1527-1554.

[21] LeCun Y, Bottou L, Bengio Y, et al. Gradient-based learning applied to document recognition [J]. Proceedings of the IEEE,1998,86(11):2278-2324.

[22] Krizhevsky A,Sutskever I,Hinton G. Imagenet classification with deep convolutional neural networks [C]// Advances in Neural Information Processing Systems,December 3-6,2012. Nevada:NIPS,c2012:1097-1105.

[23] Robinson A J,Fallside F. The utility driven dynamic error propagation network [R]. Technical Report CUED/FINFENG/TR.1,Cambridge University Engineering Department,1987.

[24] Werbos P J. Generalization of backpropagation with application to a recurrent gas market model [J]. Neural Networks,1988,1(4):339-356.

[25] Williams R J. Complexity of exact gradient computation algorithms for recurrent neural networks [R]. Technical Report NU-CCS-89-27, Boston:Northeastern University, College of Computer Science,1989.

[26] Hochreiter S, Schmidhuber J. Long short-term memory[J]. Neural Computation,1997,9(8): 1735-1780.

[27] Koutnik J, Greff K, Gomez F, et al. A clockwork RNN [C]// International Conference on Machine Learning, June 21 – 26, 2014, Beijing, China. ICML, c2014:1863 – 1871.

[28] Mnih V, Kavukcuoglu K, Silver D, et al. Human-level control through deep reinforcement learning [J]. Nature, 2015, 18:529 – 533.

[29] Hasselt H, Guez A, Silver D. Deep reinforcement learning with double Q-learning [C]// Association for the Advancement of Artificial Intelligence, February 12 – 17, 2016, Phoenix, Arizona, USA. Menlo Park: AAAI, c2016:2094 – 2100.

[30] Schaul T, Quan J, Antonoglou I, et al. Prioritized experience replay [C]// International Conference on Learning Representations, May 2 – 4, 2016, San Juan, Puerto Rico.

[31] Wang Z, Freitas N, Lanctot M. Dueling network architectures for deep reinforcement learning [C]// International Conference on Machine Learning, June 19 – 24, 2016, New York City, NY, USA. ICML, c2016:2939 – 2947.

[32] Hausknecht M, Stone P. Deep recurrent Q-learning for partially observable MDPs [C]// AAAI Fall Symposium, November 12 – 14, 2015, Arlington, Virginia, USA. Menlo Park: AAAI, c2015: 29 – 37.

[33] Silver D, Lever G, Heess N, et al. Deterministic policy gradient algorithms [C]// International Conference on Machine Learning, June 21 – 26, 2014, Beijing, China: ICML, c2014:387 – 395.

[34] Lillicrap T P, Hunt J, Pritzel A, et al. Continuous control with deep reinforcement learning [J]. Computer Science, 2015, 8(6):A187.

[35] Mnih V, Badia A, Mirza L, et al. Asynchronous methods for deep reinforcement learning [C]// International Conference on Machine Learning, June 19 – 24, 2016, New York City, NY, USA: ICML, c2016:2850 – 2869.

[36] Jaderberg M, Mnih V, Czarnecki W M, et al. Reinforcement learning with unsupervised auxiliary tasks [EB/OL]. (2016 – 11 – 16). https://arxiv.org/abs/1611.05397.

[37] Silver D, Huang A, Maddison C J, et al. Mastering the game of Go with deep neural networks and tree search [J]. Nature, 2016, 529(7587):484 – 489.

第 3 章 目标信号的威胁感知

如第 1 章所述,认知电子战中的目标信号威胁感知是实现系统闭环对抗的首要环节,是认知电子战得以成功实施的重要前提,属于电子支援的范畴。本章首先对传统电子战中的目标信号侦察处理技术进行简要介绍,并分析其局限性;之后重点介绍基于人工智能理论的威胁感知方法,包括目标状态识别、目标行为辨识(意图推理)、目标威胁等级评估三个层面;最后以雷达对抗为例介绍认知电子战中威胁感知的具体应用。

3.1 目标侦察信号处理

目标侦察系统是一种利用无源接收和信号处理技术,对目标辐射源进行检测、参数测量、识别和环境态势分析的设备[1]。

本节首先介绍目标侦察信号处理的主要任务,然后简要介绍目标信号分选、辐射源个体识别的基本原理,最后指明传统电子战中目标信号侦察处理的局限。

3.1.1 目标侦察信号处理的主要任务

目标侦察信号处理的一般流程如图 3.1 所示:首先通过侦察接收机从电磁信号环境中对目标信号进行搜索、检测、截获;然后对截获到的信号进行基本的参数测量,如信号频率等;接下来,分析目标发射信号的调制参数和调制方式,并进一步

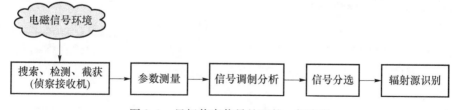

图 3.1 目标侦察信号处理的一般流程

将来自于多个辐射源的不同信号进行分选和分离,最终完成特定目标辐射源的分类识别。

这里要强调的是,目标侦察系统所面临的电磁信号环境具备以下特点:①信号的来源广泛多样;②信号的传播路径复杂;③信号的频段宽、密度大;④信号的样式种类繁杂;⑤信号的实时性高。这些特点给信号侦察处理带来了挑战。

接下来,主要针对信号分选和辐射源识别进行简要介绍。

3.1.2 信号分选

3.1.2.1 雷达信号的分选识别

雷达信号分选的主要依据是雷达信号的脉冲描述字(PDW)序列。一个典型的PDW包括:脉冲到达角、载频、脉冲到达时间、脉冲宽度、脉冲幅度等参数。PDW序列中一般包括无用数据、已知辐射源数据和可能存在的未知辐射源数据3部分。雷达信号分选的目的就是从原始PDW序列中将3者区分开来。

1)已知辐射源信号分选

对已知辐射源的侦察信号分选一般分为预分选和主分选两个阶段。

对已知辐射源信号的预分选主要通过辐射源参数匹配的方法进行处理:首先取PDW中的脉冲宽度、载频和脉内调制特征作为匹配处理的参数;然后将已知辐射源信号中所有脉冲的这3个参数依次与辐射源库中的每一个已知辐射源参数进行匹配,将匹配成功的脉冲加入同一个预分选类中,并为该类建立一个编号,进行后续的参数分选和辐射源个体识别;若脉冲的参数与辐射源库中的任何一部辐射源都不匹配,那么该脉冲作为未知辐射源信号进入后续的处理步骤。

对于预分选后建立的已知辐射源预分选类,首先找到辐射源库中相应辐射源的类型(如重频固定、参差、抖动、滑变)和脉冲重复间隔(PRI),然后以此PRI值进行序列搜索,从而分离出已知辐射源信号。每完成一部已知辐射源主分选后,如果还有足够多的剩余脉冲,那么说明该类中可能含有其他已知辐射源的信号、未知辐射源的信号或者是通过序列搜索无法分离的辐射源信号,将这些剩余脉冲继续与其他已知辐射源进行匹配。

2)未知辐射源信号分选

传统的辐射源信号分选识别模型利用PDW的5项参数,通过预先设置适当的参数容限及参数区间划分来进行未知辐射源信号的分选识别。由于目标侦察系统的信号环境具有3.1.1节所述的诸多特点,传统分选模型已无法满足现代电子对抗的需要。

哈尔滨工程大学的国强教授在其著作中提出了一种新型的未知辐射源信号分

选识别模型[2],在提取传统的 PDW 参数的同时,进一步提取脉内特征参数,并引入机器学习中的无监督聚类算法,进行多参数综合聚类分选,减少对先验知识和人工因素的依赖。

另外,未知辐射源信号分选还可以采用累积差值直方图(CDIF)[3]、序列差值直方图(SDIF)[4]和 PRI 变换法[5]。通过这 3 种算法得到的搜索间隔对 PDW 序列进行搜索,得到的分选类数组用于后续的参数分析。

3.1.2.2 通信信号的盲源分离

盲源分离(BSS),又称为盲信号分离,是指在信号的理论模型和源信号无法精确获知的情况下,如何从混叠信号中分离出各源信号的过程。盲源分离的一般思想就是研究如何利用通信混合信号所蕴含的某些潜在的统计特性,如非高斯性、平滑性、局部稀疏性、相互独立性、空时非相关性以及线性可预测性等,从一组传感器接收到的观测数据中分离出不可直接测量的源信号,或寻找到一种具有物理意义的新的观测信号的表示形式。

通信信号的盲源分离方法广泛应用于无线通信、医学信号处理、图像增强和语音分离等方面,被国内外学者广泛研究。这里主要介绍快速独立成分分析方法。

快速独立成分分析(Fast ICA)的基本思想是:在源信号统计独立的基础上,通过一定的假设条件,仅由观测信号 X,确定线性变换矩阵 W,依据一定的优化算法,使得变换后输出的信号 Y 相关性最小,即分量之间相互独立。Fast ICA 是基于定点递推算法得到的,它对任何类型的数据都适用,同时它的存在对运用 ICA 分析高维的数据成为可能。Fast ICA 算法有基于 4 阶累积量、基于最大似然、基于最大负熵等形式。此外,该算法采用了定点迭代的优化算法,使得收敛更加快速、稳健。

Fast ICA 算法本质上是一种最小化估计分量互信息的神经网络方法,是利用最大熵原理来近似负熵,并通过一个合适的非线性函数使其达到最优。简单地说,Fast ICA 算法通过 3 步完成:①对观测信号去均值;②对去均值后的观测信号白化处理;③执行 ICA 算法。

与传统的 ICA 算法相比,Fast ICA 具有以下优点:

①收敛速度快。在 ICA 数据模型的假设下,Fast ICA 收敛速度是高次(3 次或 2 次),而普通的 ICA 算法收敛速度仅仅是线性的;②和基于梯度的算法相比,快速定点算法不需要选择步长参数,更加易于使用;③通过使用一个非线性函数便能直接找出任何非高斯分布的独立分量,而不需要进行概率密度分布函数的估计;④Fast ICA 算法的性能能够通过选择一个适当的非线性函数使其达到最佳化;⑤独立分量可被逐个估计出来,这在探索性数据分析里是非常有用的,能极大地减小计算量。

除 Fast ICA 之外,特征矩阵联合近似对角化和集成经验模态分解也是通信信号盲源分离的常用方法。其中,特征矩阵联合近似对角化(JADE)是基于4阶累积量的代数性质的一种矩阵联合对角化的预白化算法,该算法引入了多变量数据的四维累积量矩阵,并对其作特征分解;集成经验模态分解(EEMD)是一种噪声辅助的数据分析方法,将白噪声加入待分解信号,把信号和噪声的组合看成一个整体,利用白噪声频谱的均匀分布,当信号加在白噪声背景上时,不同时间尺度的信号会自动分布到合适的参考尺度上,并且由于零均值噪声的特性,经过多次平均运算处理后,噪声将相互抵消,集成均值的结果就可直接作为最终结果。

3.1.3 辐射源识别

辐射源识别是将被测辐射源参数与预先积累的参数库进行比对以确认辐射源属性的过程,最终目的是对观测和截获到的辐射源信号进行定位、分析、识别,从而获取战术电子情报(ELINT),为作战指挥人员提供战场态势信息和决策支持。辐射源识别作为现代电子支援措施(ESM)的关键环节,其水平高低直接决定了对抗系统的侦察性能。

在最初电磁环境简单、辐射源发射波形稳定的情况下,通常采用参数串行匹配的方式与辐射源数据库中的信息进行比对,确定辐射源的类别。这种方式过分依赖先验信息,且效率低、耗时长,不满足实时性要求。

在认识到传统识别方法的缺点之后,研究工作开始从引入新算法和提取新特征两方面展开。一方面以机器学习为代表的智能识别分类算法被大量引入,这些分类器往往具有可分析非线性模式数据、能够同时处理大量数据、分析处理速度快、具备自我更新和记忆能力等优点,因而得到广泛的应用;另一方面则提出特定辐射源识别(SEI)或射频指纹(RF fingerprint)特征的概念。下面对这两方面工作分别进行介绍。

3.1.3.1 基于机器学习的辐射源识别方法

早期基于机器学习的辐射源识别方法主要有模糊匹配法[6]、基于句法分析的模式识别方法[7]以及基于D-S证据融合的方法[8,9]。其中模糊匹配法属于特征参数匹配的一种,思想较为简单;基于句法分析的辐射源识别方法主要针对多功能雷达;而D-S证据理论主要适用于特征参数模板或其他先验知识有信息残缺的情况。

近年来,越来越多的研究人员倾向于使用先进的机器学习算法进行辐射源识别。文献[10]提出一种基于迁移成分分析的径向基神经网络分类器,用以解决雷达辐射源识别中训练样本数少的问题。文献[11]则提出了一种新型的单类别人工神经网络模型,其输出为类别条件概率,然后再通过K-S测试进行未知辐射源检测。文献[12]提出了一种基于区间灰关联的未知雷达辐射源智能识别方法。该方法采用产生式规则表示专家知识,然后在采用区间型知识灰关联分析的基础上,利用二级匹配的知识推理方法,识别未知雷达辐射源工作状态,并进一步进行威胁分析。此外,基于深度学习的辐射源识别方法也已陆续涌现[13,14]。

3.1.3.2 基于指纹特征的辐射源识别方法

从 20 世纪 90 年代开始,人们开始关注辐射源信号的脉内细微特征,尤其是脉内无意调制特征(UMOP),对于每一个辐射源个体,其 UMOP 特征是不可避免的,也是独一无二的,因此,这些特征可以被提取出来作为辐射源指纹特征从而进行特定辐射源识别。

目前 UMOP 主要包括脉内相位无意调制特征(对应瞬时相位特征或瞬时频率特征)和脉内幅度无意调制特征。为了实现特定辐射源识别,众多学者给出了多种基于 UMOP 的指纹特征描述。这些指纹特征主要分为时域特征(如瞬时幅度、瞬时相位等)、频域特征(如傅里叶频谱、双谱等)、时频域特征以及转换域特征。

文献[15]利用短时离散傅里叶变换提取信号的幅度无意调制特征,选取不同的特征子集对辐射源进行分类。文献[16]提取双谱幅相分布对辐射源类型进行识别,利用了双谱的对称性降低计算复杂度,并且在低信噪比、小训练样本情况下能够得到较高的识别率。文献[17]使用奇异谱分析对跳频信号做特征提取,这种方法不需要对频率进行归一化就能够对使用上升瞬变信号的辐射源实现很好的分类效果和鲁棒性。文献[18]使用内禀时间尺度分解获取信号的时频能量分布,然后将时频能量分布转换成灰度图像,从灰度图像上获取信号的指纹特征对辐射源进行分类。

除此之外,还有一些较新颖的辐射源指纹特征提取方法。例如,文献[19]利用拓扑学知识,通过信号的 F - 拓扑距离提取不同的个体辐射源之间脉冲包络和瞬时频率的差异;而文献[20]则根据信号无意调制特征的机理,利用频率抖动和无意调制的强度在时间分布上的特征,对信号不同强度的区域采取不同的采样方法,解决了信号无意调制完整性和计算负荷之间的矛盾。

3.1.4 传统信号侦察处理的局限

3.1.4.1 传统目标侦察系统威胁感知的粒度较粗糙

传统目标侦察系统对信号的威胁感知往往是辐射源级别的,即识别辐射源的种类、型号并分析威胁等级。随着雷达技术的进步,雷达的工作体制越来越多地呈现出多功能相控阵、多输入多输出(MIMO)等特点,未来甚至会出现认知雷达等。这些雷达通常具有多种工作模式,可根据作战使命进行工作模式间的灵活转换,而且每种工作模式可以具备多种工作状态,并可根据不同工作状态自动选择合适的工作波形。因此,未来雷达的工作波形将呈现出多样化和快速捷变的特性。在这种情况下,传统的基于雷达信号波形特征描述的分选识别方法将面临巨大的挑战。而认知电子战中的目标侦察系统不但能够正确区分不同辐射源的发射信号、识别辐射源,还能进一步分析特定目标辐射源的工作状态或其当前的抗干扰措施。

3.1.4.2 传统的目标侦察系统对先验知识的依赖性较大

由上面的介绍可以看出,无论是信号分选还是辐射源识别,传统的目标侦察系统都需要依赖较多的先验信息,如信号的特征参数模板、已知辐射源数据库等。认知电子战中的信号侦察处理可以利用半监督甚至是无监督的机器学习算法,通过少量的先验知识就可以完成对目标信号的分类识别和威胁感知,大大降低了对先验信息的依赖性。

3.1.4.3 传统的目标侦察系统对未知目标信号的威胁感知难度较大

传统的目标侦察系统大多根据固有的威胁目标知识库进行信号分选和辐射源识别,难以应对电子对抗环境中随时可能出现的新型未知威胁目标或者已知目标辐射源的新型工作模式。而认知电子对抗系统对威胁环境具有一定的自适应能力,能够不断优化已有的识别算法,使其能够快速检测未知威胁信号的出现,并且能够逐渐形成对未知辐射源发射信号的参数统计结果,从而动态更新威胁目标数据库。

3.2 基于机器学习的目标状态识别

认知电子战中的目标信号威胁感知不仅要完成复杂电磁环境中的辐射源个体识别,更重要的是对每个特定目标辐射源的工作状态进行识别。本书定义目标状态是指以对抗系统所接收测量的信号参数为基本依据而界定的对抗目标所处的状况,其含义范围较为广泛,可以是对抗目标的工作模式,也可以是其采取的各种抗干扰措施。进一步地,将先验专家知识库中存在的或信号样本集中出现过的目标状态定义为已知状态,将先验知识库中缺失的或对抗过程中新出现的目标状态定义为未知状态。而目标行为是指目标辐射源在工作过程中受到外界电磁环境(包括干扰、杂波等)的影响或者系统内部需要而产生的一种有规律的状态转变。

3.2.1 已知目标状态识别

已知目标状态识别就是判断当前输入的目标辐射源信号样本对应于存储在当前知识库中的哪个状态类别。从机器学习的角度来看,已知目标状态识别可以通过基于有监督学习的分类和基于无监督学习的聚类两大类方法解决,下面对每种方法的典型算法进行介绍。

3.2.1.1 基于有监督分类的已知目标状态识别

当对抗系统中积累了较多的带有类别标签的信号样本时,可以采用识别准确率较高的有监督机器学习方法进行已知目标状态识别。

支持向量机(SVM)是应用最为广泛的分类算法,本书2.3.2节已对其基本思想和原理进行了介绍,这里不再赘述。除SVM之外,朴素贝叶斯分类器和BP神经网络也经常用于解决有监督分类问题,下面分别进行介绍。

1)朴素贝叶斯分类器

贝叶斯决策论是概率框架下实施决策的基本方法。对分类任务来说,在所有相关概率都已知的理想情形下,贝叶斯决策论考虑如何基于这些概率和误判损失来选择最优的类别标记。

根据贝叶斯决策论,最小化分类错误率的贝叶斯最优分类器为

$$h^*(\boldsymbol{x}) = \arg\max_c P(c|\boldsymbol{x}) \tag{3.1}$$

即对每个样本 $\boldsymbol{x}$,选择能使后验概率 $P(c|\boldsymbol{x})$ 最大的类别标记。根据贝叶斯定理,后验概率可以通过下式计算:

$$P(c|\boldsymbol{x}) = \frac{P(c)P(\boldsymbol{x}|c)}{P(\boldsymbol{x})} \tag{3.2}$$

不难发现,基于上式来估计后验概率 $P(c|\boldsymbol{x})$ 的主要困难在于:类条件概率 $P(\boldsymbol{x}|c)$ 是所有属性上的联合概率,难以从有限的训练样本直接估计获得。为避开这个障碍,朴素贝叶斯分类器(Naive Bayes Classifier)采用了"属性条件独立性假设":对已知类别,假设所有属性相互独立。即

$$P(\boldsymbol{x} \mid c) = \prod_{i=1}^{n} P(x_i \mid c) \tag{3.3}$$

基于属性条件独立性假设,贝叶斯定理可重写为

$$P(c \mid \boldsymbol{x}) = \frac{P(c)P(\boldsymbol{x} \mid c)}{P(\boldsymbol{x})} = \frac{P(c)}{p(\boldsymbol{x})}\prod_{i=1}^{n} P(x_i \mid c) \tag{3.4}$$

由于对所有类别来说,$P(\boldsymbol{x})$ 相同,因此基于式(3.1)的贝叶斯判定准则为

$$h(\boldsymbol{x}) = \arg\max_c P(c)\prod_{i=1}^{n} P(x_i \mid c) \tag{3.5}$$

这就是朴素贝叶斯分类器的表达式。

朴素贝叶斯分类模型具有以下优点:

(1)算法逻辑简单,容易实现;

(2)在分类过程中时间、空间开销较小;

(3)算法性能稳定,对于不同特点的数据其分类性能差别很小,模型鲁棒性较好;

(4)虽然朴素贝叶斯模型要求输入之间条件独立,但如果实际输入不是条件独立的,则朴素贝叶斯分类器也能达到很好的分类性能。

2) BP 神经网络

本书 2.3.2 节已对人工神经网络的基本概念和模型进行了介绍,本节重点对训练神经网络最经典的方法——反向传播(BP)算法的原理进行介绍。使用 BP 算法进行学习的多层前向神经网络称为 BP 神经网络。虽然这种误差估计的精度会随着误差本身的"向后传播"而不断降低,但它还是给多层网络的训练提供了十分有效的办法。BP 神经网络是目前应用最为广泛的人工神经网络模型之一。

本节以图 3.2 所示的两层 BP 网络为例,对网络的运作过程进行推导、分析。

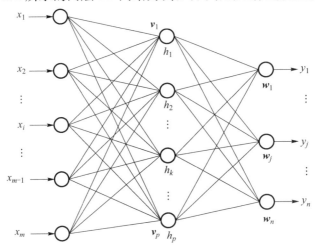

图 3.2 两层 BP 神经网络

从图 3.2 中可得到:

① 输入向量:$X = [x_1, x_2, \cdots, x_m]^T$;

② 隐藏层输出:$H = [h_1, h_2, \cdots, h_p]^T$;

③ 实际输出:$Y = [y_1, y_2, \cdots, y_n]^T$;

④ 期望输出:$d = [d_1, d_2, \cdots, d_n]^T$;

⑤ 权值矩阵:隐藏层为 $V = [v_1, v_2, \cdots, v_p]^T$,输出层为 $W = [w_1, w_2, \cdots, w_n]^T$。

网络的输入信号是一个 m 维向量,与学习样本的 m 维特征相对应。学习算法的每一次迭代处理,直接把样本的每一个分量赋给输入节点。隐藏层有 p 个神经元节点，每一个节点与输入层的 m 个节点相连接，因此，V 是一个 $p \times m$ 的矩阵。类似地，输出层有 n 个神经节点，每一个节点与隐藏层的 p 个节点相连，因此，W 是一个 $n \times p$ 的矩阵。

（1）信号的前向传递过程。输入层到隐藏层的计算如下：

$$\text{net}_k = \sum_{i=1}^{m} v_{ki} x_i \tag{3.6}$$

$$h_k = f_1(\text{net}_k) \quad k = 1,2,\cdots,p \tag{3.7}$$

隐藏层到输出层的计算如下：

$$\text{net}_j = \sum_{k=1}^{k=p} w_{jk} h_k \tag{3.8}$$

$$y_j = f_2(\text{net}_j) \quad j = 1,2,\cdots,n \tag{3.9}$$

式中：f_1、f_2 分别为隐藏层、输出层的激活函数。

（2）误差反向传导过程。网络输出层误差函数定义为

$$E = \frac{1}{2}(d-y)^2 = \frac{1}{2}\sum_{j=1}^{n}(d_j - y_j)^2 \tag{3.10}$$

利用上述信号前向传递公式，可使误差函数进一步展开到输入层：

$$E = \frac{1}{2}(d-y)^2 = \frac{1}{2}\sum_{j=1}^{n}(d_j - y_j)^2$$

$$= \frac{1}{2}\sum_{j=1}^{n}\left(d_j - f_2\left(\sum_{k=1}^{k=p} w_{jk} h_k\right)\right)^2$$

$$= \frac{1}{2}\sum_{j=1}^{n}\left(d_j - f_2\left(\sum_{k=1}^{k=p} w_{jk} f_1\left(\sum_{i=1}^{i=m} v_{ki} x_i\right)\right)\right)^2 \tag{3.11}$$

根据梯度下降策略，求解误差关于各个权值的梯度，即权值迭代更新如下：

$$\Delta w_{jk} = -\eta \frac{\partial E}{\partial w_{jk}} \quad j=1,2,\cdots,n, k=1,2,\cdots,p \tag{3.12}$$

$$\Delta v_{ki} = -\eta \frac{\partial E}{\partial v_{ki}} \quad k=1,2,\cdots,p, i=1,2,\cdots,m \tag{3.13}$$

式中：负号表示梯度下降，常数 $\eta \in (0,1)$ 为学习率。

定义误差信号：对于输出层，$\delta_j^y = -\frac{\partial E}{\partial \text{net}_j}$；对于隐藏层，$\delta_k^h = -\frac{\partial E}{\partial \text{net}_k}$。则网络权值可写为

$$\Delta w_{jk} = -\eta \frac{\partial E}{\partial w_{jk}} = -\eta \frac{\partial E}{\partial \text{net}_j} \frac{\partial \text{net}_j}{\partial w_{jk}} \tag{3.14}$$

$$\Delta v_{ki} = -\eta \frac{\partial E}{\partial v_{ki}} = -\eta \frac{\partial E}{\partial \mathrm{net}_k} \frac{\partial \mathrm{net}_k}{\partial v_{ki}} \tag{3.15}$$

即 $\Delta w_{jk} = \eta \delta_j^y h_k, \Delta v_{ki} = \eta \delta_k^h x_i$。

然后,根据求偏导的链式法则得到

$$\delta_j^y = -\frac{\partial E}{\partial \mathrm{net}_j} = -\frac{\partial E}{\partial y_j} \frac{\partial y_j}{\partial \mathrm{net}_j} = -\frac{\partial E}{\partial y_j} f_2'(\mathrm{net}_j) \tag{3.16}$$

根据 $E = \frac{1}{2}\sum_{j=1}^{n}(d_j - y_j)^2$,可得 $\frac{\partial E}{\partial y_j} = -(d_j - y_j)$,代入式(3.16)得

$$\delta_j^y = (d_j - y_j)f_2'(\mathrm{net}_j) \tag{3.17}$$

同理,对于隐藏层有

$$\delta_k^h = -\frac{\partial E}{\partial \mathrm{net}_k} = -\frac{\partial E}{\partial h_k} \frac{\partial h_k}{\partial \mathrm{net}_k} = -\frac{\partial E}{\partial h_k} f_1'(\mathrm{net}_k) \tag{3.18}$$

根据 $E = \frac{1}{2}\sum_{j=1}^{n}\left(d_j - f\left(\sum_{k=1}^{k=p} w_{jk} h_k\right)\right)^2$,可得 $\frac{\partial E}{\partial h_k} = -\sum_{j=1}^{n}(d_j - y_j)f_2'(\mathrm{net}_j)w_{jk}$,代入上式可得

$$\begin{aligned}\delta_k^h &= \left[\sum_{j=1}^{n}(d_j - y_j)f_2'(\mathrm{net}_j)w_{jk}\right]f_1'(\mathrm{net}_k) \\ &= \left(\sum_{j=1}^{n}\delta_j^y w_{jk}\right)f_1'(\mathrm{net}_k)\end{aligned} \tag{3.19}$$

这就是最终求解的关于误差信号的表达式,可以证明,如果有更多层的隐藏层,这样的误差定义具有普遍意义。

如果网络的激活函数 f 均采用 Sigmoid 函数: $f(x) = 1/1 + \mathrm{e}^{-x}$,其导数为 $f'(x) = f(x)(1 - f(x))$,那么最终的网络权值迭代的增量分别为

$$\Delta w_{jk} = \eta \delta_j^y h_k = \eta(d_j - y_j)y_j(1 - y_j)h_k \tag{3.20}$$

$$\Delta v_{ki} = \eta \delta_k^h x_i = \eta\left(\sum_{j=1}^{n}\delta_j^y w_{jk}\right)h_k(1 - h_k)x_i \tag{3.21}$$

从上述推导过程可知,BP 神经网络就是把误差信号按照网络中前向传播的路径反向传回,对隐藏层及输入层的每个神经元的权系数进行迭代修改,以使误差信号越来越小,最终趋于最小值。

常规 BP 神经网络学习算法的流程图如图 3.3 所示,图中给出迭代次数的上限是为了避免在迭代过程中信号误差一直不能满足精度的要求而导致迭代无法结束的情况。值得注意的是,当把 BP 神经网络应用于实际目标状态识别任务时,需要考虑每层神经元的个数,但如何设置隐藏层神经元的个数目前仍无定论,实际应

用中通常靠"试错法(trial – by – error)"调整[21]。

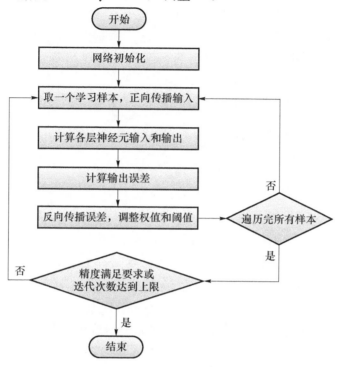

图 3.3　BP 神经网络算法流程图

3.2.1.2　基于无监督聚类的已知目标状态识别

由于目标辐射源的发射信号具有多样性的特点,当侦察接收系统采集的信号样本规模较大时,对其进行人工类别标注显得费时费力,难以完成。因此,在对目标信号进行威胁感知时,经常是在缺乏样本类别标签的情况下对目标辐射源的当前状态进行识别。无监督机器学习就是对没有类别标签的数据进行模式识别的过程,因此可基于无监督聚类进行已知目标状态识别。

K – means 算法是研究最为广泛的聚类算法,本书 2.3.3 小节已对其基本原理和工作步骤进行了介绍。K – means 算法实现了对未被标记样本的聚类,可获得较好的聚类效果,但是它有一个明显的缺陷:聚类个数 K 需要事先设定。在对抗系统缺乏先验信息的情况下,类别个数无法准确把握,这会造成较大误差。

接下来将介绍两种能够自动发现聚类数目的有效聚类算法:吸引子传播算法和基于快速搜寻密度峰值法。

1)吸引子传播算法

吸引子传播(AP)算法[22]是一种较新的聚类算法,它的特点是快速、高效,不必事先指定聚类数目并且能够很好地解决非欧空间问题以及大规模稀疏矩阵计算问题等。因此，AP算法比较适用于认知电子战中的目标状态识别。

AP算法的基本思想是：将所有的样本点当作是潜在的聚类代表点（Exemplars），然后迭代式地在样本之间传递两类信息：吸引度（Responsibility）和归属度（Availability）。信息更新的方式如下所示：

$$r(i,k) \leftarrow s(i,k) - \max_{k's.t.k'\neq k}\{a(i,k') + s(i,k')\} \quad (3.22)$$

$$a(i,k) \leftarrow \begin{cases} \min\{0, r(k,k) + \sum_{i's.t.i'\notin\{i,k\}}\max\{0, r(i',k)\}\} & k \neq i \\ \sum_{i's.t.i'\neq k}\max\{0, r(i',k)\} & k = i \end{cases} \quad (3.23)$$

$$\boldsymbol{R}^{t+1} = (1-\lambda)\boldsymbol{R}^t + \lambda\boldsymbol{R}^{t-1} \quad (3.24)$$

$$\boldsymbol{A}^{t+1} = (1-\lambda)\boldsymbol{A}^t + \lambda\boldsymbol{A}^{t-1} \quad (3.25)$$

式中：吸引度$r(i,k)$用来描述候选代表点k从所有样本点中吸收样本i作为其类成员的适合程度；归属度$a(i,k)$用来描述样本i从候选代表点中选择k作为其类代表的适合程度；$s(i,k)$表示样本点i和k之间的相似度；$\boldsymbol{R}=\{r(i,k)\}$，$\boldsymbol{A}=\{a(i,k)\}$分别为吸引度矩阵和归属度矩阵；$t$代表算法的迭代次数。算法收敛后，每个样本点要么自己成为类别代表点，要么以其他某个样本点作为自己的类别代表点。

相比于K-means算法，AP算法有许多优点：

（1）AP算法无须预先设定关于描述聚类个数的参数；

（2）AP算法求得的类别中心点是实际存在的样本，而K-means算法则以样本均值作为类别中心；

（3）AP算法无须设定起始类别中心点（Start Point），而是认为每一个样本都是潜在的中心点，因此，对同一个样本集，AP算法的聚类结果是一致的，算法鲁棒性好；

（4）AP算法聚类结果的均方误差较低；

（5）AP算法允许输入的样本数据的分布不局限于欧拉分布。

虽然AP算法存在很多的优点，但是它的时间复杂度较大，为$O(N^2 \times \log N)$，而K-means算法的复杂度只有$O(N \times K)$，其中，N为样本数量，K为聚类个数。而认知电子战中的目标信号威胁识别对时效性要求很高，要求对抗系统能够快速识别目标辐射源的工作状态，并能及时做出干扰响应，因此，将AP聚类算法应用于目标状态识别，需要着重考虑算法效率的优化问题。

2）基于快速搜寻密度峰值法

基于快速搜寻密度峰值的聚类算法（CFSFDP）[23]是一种新的基于寻找密度峰

作为聚类中心的聚类方法。首先寻找聚类中心,然后根据最近邻的方法给每一个数据点分配对应的簇。CFSFDP 算法可以有效地处理大规模的数据并且对类别不平衡的数据集具有适应性。

为了寻找密度峰,CFSFDP 算法为每一个样本点 i 定义局域密度 ρ_i 和最小距离 δ_i 如下:

$$\rho_i = \sum_k \chi(d_{i,k} - d_c) \quad (3.26)$$

$$\delta_i = \min_{k:\rho_k > \rho_i}(d_{i,k}) \quad (3.27)$$

式中:$d_{i,k}$ 为数据 $\boldsymbol{x}_i$ 和 $\boldsymbol{x}_k$ 的距离;d_c 为一个阈值。特别地,如果数据点 j 有最高的局域密度,那么它的最小距离定义为该点与其他所有数据点的最远距离。$\chi(x)$ 是一个统计函数:

$$\chi(x) = \begin{cases} 1 & x < 0 \\ 0 & 其他 \end{cases} \quad (3.28)$$

CFSFDP 算法认为聚类中心应该同时具有局域密度高、与其他中心距离较远的特点,基于这种假设,聚类中心应该具有较高的 $\gamma_i = \delta_i \times \rho_i$ 值。确定好聚类中心后,其他的数据点可以根据最近邻准则进行聚类。

虽然 CFSFDP 算法具有效率高、容易处理大规模数据等优点,但是与 AP 算法相比,CFSFDP 算法需要根据人为经验确定两个阈值 ρ_i 和 δ_i。

3.2.2 未知目标状态识别

如前面所述,当前的电磁环境是一个错综复杂的交互式对抗环境,对抗目标的工作模式或者抗干扰措施在没有对抗交互的情况下可能被"隐藏"。当然,即使已经进行过对抗过程,对抗目标仍然有可能没有显露出来所有的工作模式,导致下次进行对抗时,干扰方可能无法识别目标状态,或者将其识别成已经存在的已知状态,影响系统整体的运作。因此,认知电子战中的干扰方需要对新接收到的信号样本进行状态检测,判断目标辐射源是否出现未知状态,从而为后续的干扰决策提供依据。

要完成未知目标状态识别,就需要研究"增量式"的识别算法。所谓增量式学习,是指系统能够根据当前模型对新到来的样本数据流进行在线识别,且只需根据新样本对模型进行更新,而不必重新训练整个模型,并且先前学得的有效信息不会被"冲洗"掉。

本小节将从未知状态检测和增量式机器学习两方面对未知目标状态识别的方法进行探讨。

3.2.2.1 未知状态检测

1）单类支持向量机

认知电子对抗系统可以在已知状态识别的基础上进行未知状态检测,其关键在于要对已知状态的"分类边界"进行合理的表征。如果干扰方新检测到的信号样本在所有已知状态的分类边界之外,那么就认为目标辐射源出现了未知状态。表征已知类别的分类边界的难点在于:如果完全依照当前训练样本则会造成数据"过拟合(Overfitting)"现象,而如果边界划分过大则会引入较多的错误样本,如图3.4所示。因此,必须考虑各个类别边界的合理"泛化(Generalization)"。

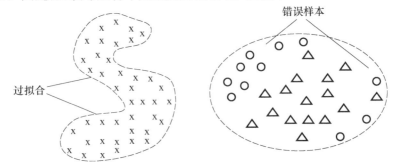

图3.4 类别边界表征中的过拟合和容错现象

单类支持向量机(OCSVM)是一种典型的解决单类别分类问题的算法[24],其目的是对于单类别的数据样本,训练得到一个最优超球面,使其能够尽可能"紧致地"覆盖当前数据,同时保证其具有一定的泛化能力。当识别一个新的样本时,如果其落在了超球面内,则认为它属于该类别,否则认为不属于该类别。

OCSVM 的目标函数如下:

$$F(R,\boldsymbol{a},\xi_i) = R^2 + C\sum_i \xi_i \qquad (3.29)$$

使得对于每个样本点 $\boldsymbol{x}_i$ 满足

$$(\boldsymbol{x}_i - \boldsymbol{a})^\mathrm{T}(\boldsymbol{x}_i - \boldsymbol{a}) \leqslant R^2 + \xi_i \qquad \forall i, \xi_i \geqslant 0 \qquad (3.30)$$

式中:$\boldsymbol{a}$ 为训练样本的中心向量;R 为超球面的半径;ξ_i 为松弛变量;变量 C 表明模型在容错能力与复杂程度两者中间的折合。该优化问题可通过拉格朗日乘子法解决。

2）ARTMAP 神经网络

ARTMAP 神经网络是依据自适应共振理论(Adaptive Resonance Theory)实现的一种能进行快速在线的增量式学习的自组织神经网络[25]。ARTMAP 神经网络通常使用图3.5所示的简化模型,具体包括以下几个部分:

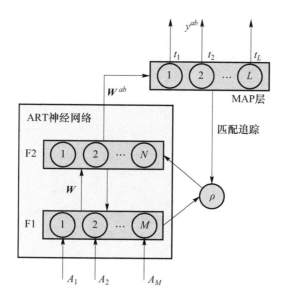

图 3.5　ARTMAP 神经网络模型

（1）自适应共振理论（ART）网络：由两个全连接层组成，即 M 个节点的输入层 F1 和 N 个节点的竞争层 F2。

（2）一组权重向量 $W = \{w_{ij} \in [0,1]: i = 1,2,\cdots,M; j = 1,2,\cdots,N\}$，其作用是将 F1 层和 F2 层连接起来，每个 F2 层节点 j 代表一个由原型向量 $w_j = (w_{1j}, w_{2j}, \cdots, w_{Mj})$。

（3）映射（MAP）层：由 L 个节点组成，每一个节点对应一个训练样本集中的类别（已知类），MAP 层与 F2 层相连，通过在线学习的方式得到权重 $W^{ab} = \{w_{jk}^{ab} \in \{0,1\}: j = 1,2,\cdots,N; k = 1,2,\cdots,L\}$，向量 $w_j^{ab} = (w_{j1}^{ab}, w_{j2}^{ab}, \cdots, w_{jL}^{ab})$ 将 F2 层节点 j 和 L 个输出类别中的某一类相连。

（4）阈值 ρ 用于在训练阶段检测输入的样本是否与 MAP 层的某个节点匹配（该过程称为"警戒性测试"），并且该值在训练过程中动态更新。

通过引入熟悉度判别（FD）技术，可以将 ARTMAP 扩展为 ARTMAP-FD[26]，用于检测在训练阶段未出现的未知类别（定义在训练阶段出现的类别为熟悉类，未出现的类别为不熟悉类）。

基于 ARTMAP-FD 的训练过程如下：

（1）初始化：初始化神经网络，具体包括：①F1 层节点数为样本特征数，MAP 层节点数为已知类别数，F2 层节点数在训练过程中动态改变；②为 F2 层和 MAP 层节点、F1 层到 F2 层权重 W 和 F2 层权重 W^{ab} 预留空间；③设置学习率 $\beta = 1$，参数 $\alpha = 0.001$，$\varepsilon = 0.001$，基准阈值 $\bar{\rho} = 0$。

(2）输入模式编码：训练集中的输入模式对(a,t)依次提交到网络，其中 a 为样本的特征向量，t 为该样本的真实标签。对 a 进行补码编码，即 $A=(a,a^c)$，$a^c=1-a$，$a\in[0,1]$，警戒性测试阈值 ρ 等于基准匹配阈值 $\bar{\rho}$。

(3）进行警戒性测试：在每次迭代中，依次输入模式 A 激活 F1 层并通过权重 W 传播到 F2 层，F2 层每个节点 j 的激活值由下面的公式确定：

$$T_j(A) = \frac{|A \wedge w_j|}{\alpha + |w_j|} \tag{3.31}$$

式中：$|w_j| = \sum_{i=1}^{M} |w_{ij}|$，$(|A \wedge w_j|)_i = \min(A_i, w_{ij})$。将 F2 层各个节点计算得到的激活值降序排列，并记录该节点的索引值，从激活值最大的节点 J 开始依次进行警戒性测试，即计算其与输入模式的匹配度并和匹配阈值进行比较，当满足下式时证明匹配成功：

$$\frac{|A \wedge w_J|}{M} \geq \rho \tag{3.32}$$

如果匹配成功，将该节点被赋值的类别与该输入模式实际标签 t 比较，若两者相同则通过下式更新该节点所对应的原型向量

$$w'_J = \rho(A \wedge w_J) + (1-\beta)w_J \tag{3.33}$$

若两者不同，则通过下式更新匹配阈值并测试激活值次大的节点，直到所有的 F2 层测试完毕。

$$\rho' = (|A \wedge w_J|/M) + \varepsilon \tag{3.34}$$

如果匹配不成功，则寻找次大节点继续进行警戒性测试。若所有的节点均未通过测试，则创建新的 F2 层节点，并将该节点赋值为该训练样本的真实标签。

(4）计算 MAP 层的输出：对所有训练样本按照步骤 3 相同进行多次迭代，当 F2 层确定了一个竞争获胜节点 J 时，将节点 J 到 MAP 层节点 K 的连接设置为 $w_{JK}^{ab}=1$，其中 K 为与输入模式 a 对应的类别。

当模型训练好后，进入测试阶段，即使用 ARTMAP – FD 进行未知辐射源检测，首先执行训练阶段的步骤 4，当 ARTMAP 选择 F2 层节点 J 之后，对于每个输入模式 a 根据下式计算 $\phi(A)$：

$$\phi(A) = \frac{T_J(A)}{T_J^{\max}} = \frac{|A \wedge w_J|}{|w_J|} \tag{3.35}$$

式中：$T_J^{\max} = |w_J|/(\alpha+|w_J|)$。如果 $\phi(A) > \gamma$（γ 为熟悉度阈值），则说明 a 属于熟悉类，此时，F2 层竞争获胜节点对应的数值即判定类别 K；如果 $\phi(A) \leq \gamma$，则标记输入模式 a 属于不熟悉类。

3.2.2.2 增量式机器学习

1) 增量式分类算法

随着SVM在理论上的深入研究,对其进行增量式改进也越来越受到关注。OSVC是一种早期的"在线式SVM",它重点解决的是SVM分类模型的在线更新问题[27]。该方法对目标状态识别时的分类模型更新问题具有一定的借鉴作用,但其局限性在于要求新样本带有类别标签。与OSVC不同,Domeniconi和Gunopulos通过设定时间滑动窗,每个时刻训练一定数目的SVM模型,并对原有模型进行在线更新[28]。

如果采用人工神经网络模型进行已知状态识别,则可以在输出层方便地添加一个"未知状态节点",用来检测对抗过程中是否出现未知目标状态,如图3.6所示。当神经网络输出层的"未知状态节点"被激活时,表明目标辐射源当前处于未知状态。当未知状态的信号样本数积累到一定数量时,可采用聚类算法对这些样本进行未知状态识别,聚类结果作为新的已知状态添加到神经网络模型中,从而实现增量式状态识别。

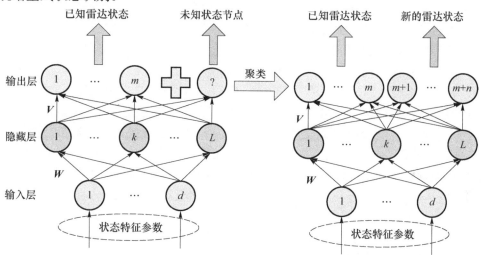

图3.6 基于神经网络的未知目标状态识别

近年来,深度学习模型在各种人工智能应用中显著提高了分类精度。在深度学习模型的增量式研究方面,Xiao等人提出了一种具有树形预测机制的层次卷积神经网络,用于处理大规模的增量式分类任务[29]。Lee提出了一种新的快速挖掘数据流特征的内存结构,并且利用迁移学习的思想识别新的类别[30]。Chen等人采用数据并行机制同时进行模块化更新,有效地实现了在线增量式深度学习[31]。

2) 增量式聚类算法

将3.2.1.2小节介绍的AP算法改进为增量式算法在近年来得到了广泛研

究。Zhang等人指出传统的AP算法在运算量上属于二次复杂度(Quadratic Complexity),为此,他们对AP算法进行了两种改进:加权AP算法和层次AP算法,并在此基础上提出了针对数据流的增量式AP算法[32]。随后,Shi等人又提出了一种半监督的增量式AP算法[33],该方法根据先验类别标签调整相似度矩阵,使得同类别样本之间的相似度较大,反之较小。Sun和Guo提出了基于K-Medoids和基于最近邻的两种增量式AP算法[34],前者利用AP算法生成初始代表点,再通过K-Medoids算法针对新样本调整聚类结果;后者认为两个相似样本不仅应该聚在一类,而且还应具有相同的网络关系。

另外,增量式聚类还必须考虑聚类簇随时间发生"语义漂移(Concept Drift)"的情况,因此,"进化聚类(Evolutionary Clustering)"是增量式聚类的另一个研究热点。Chakrabarti等人认为进化聚类应该尽量忠于当前数据且两个相邻时间段之间的聚类结果不应该有明显漂移,据此,他们分别实现了凝聚层次聚类和K-means聚类的进化聚类算法[35]。Liu和Wu提出了一种可以对任意形状的数据集进行进化聚类的算法,该算法还可以自动检测聚合类的个数[36]。

虽然增量式聚类算法可以在理论上解决认知电子战中未知目标状态识别的问题,但识别精度是这类算法的一个普遍瓶颈。为此,很多研究工作都试图通过将分类算法和聚类算法相结合来实现增量式的机器学习。文献[37-39]提出了一种用于在线无监督分类的自组织神经网络。其中文献[37]是一种双层神经网络,第一层对输入数据构建拓扑结构,第二层以第一层结果作为输入完成节点的聚类和分类。文献[38]将该模型改进为单层网络,通过定义"节点密度"对节点进行聚类,并将其分割为多个子类。文献[39]进一步将其改进为半监督模型,利用输入数据的类别标签信息标记网络中的"教师节点(Teacher Nodes)",并利用这些节点对其他未标注节点进行分类。Chen等人利用标记数据训练在线分类器,完成对已知类别识别及未知类别检测,同时通过模糊聚类方法完成未知类别识别及识别模型更新[40]。Masud等人首先根据训练样本划分"分类边界",然后利用概率方法及图模型同时完成多个新类别的识别[41]。

以上这些研究工作所提出的算法模型复杂度通常比较高,无法直接应用于对时效性要求很高的认知电子战中。因此,需要进一步研究高效且性能优越的无监督的增量式未知目标状态识别方法。

3.3 基于概率图模型的目标行为辨识

在对目标辐射源进行状态识别之后,关于目标信号的威胁感知,对抗系统需要进一步完成两方面的工作:一是根据多个时刻的目标状态序列及其变化情况进行目标行为辨识;二是根据目标状态的统计特征评估其威胁等级。本节重点阐述目标行为辨识的方法,下一节介绍状态威胁等级评估。

本章已经提到,目标行为是目标状态一种有规律的转变,具有"波形—状态—行为"的分层结构,因此,目标行为的辨识需要根据多个连续时刻的观测序列推断状态序列,而连续时刻的状态序列则构成了目标辐射源的行为规律。

概率图模型(PGM)[42]是一类用图来表达变量相关关系的概率模型,它以一个节点表示一个或一组随机变量,节点之间的边表示变量间的概率相关关系,适用于时序数据的建模和识别问题。贝叶斯网(Bayesian Network)[43]是一种经典的概率图模型,它借助有向无环图来刻画属性之间的依赖关系,并使用条件概率表来描述属性的联合概率分布。本节主要介绍一种结构最简单的动态贝叶斯网——隐马尔可夫模型(HMM)[44]。

利用 HMM 对目标行为知识建模时,可分为"粗匹配"和"精确识别"两个步骤。"粗匹配"是指对辐射源的类型或型号的识别;"精确识别"是对特定辐射源行为的辨识。可将最佳候选对象及其当前时刻最可能状态的推断转化为对模型的评估和解码的问题求解。

1)辐射源类型/型号识别

辐射源类型/型号识别属于 HMM 模型的评估问题。具体来说,给定一个观察向量序列 $O = \{o_1, o_2, \cdots, o_T\}$ 和模型 λ,如何计算给定模型 λ 下观察向量序列 O 的概率 $P(O|\lambda)$。也就是说,给出一些不同系统的 HMM 模型及一个观察向量序列,推断出哪个 HMM 模型最有可能产生这个给定的观察序列。

在目标辐射源的识别框架中,"粗匹配"筛选出的候选对象的先验行为知识就代表不同系统的 HMM 模型。而辐射源类型/型号识别的目的就是从这些候选辐射源对象的 HMM 模型中,通过相关算法找出最能解释给定"观察向量序列"的那个模型。

HMM 模型评估问题的求解一般采用前向(Forward)算法实现,基于 HMM 模型的目标辐射源类型/型号识别算法描述如表 3.1 所列。

从前向算法的描述可以看到,初始化 $t = 1$ 时刻的局部概率 α_1 后,利用递归方式依次计算 $t = 2, 3, \cdots, T$ 时刻观察向量序列的局部概率 α_t,并且对于时刻 $t = T$ 时所有状态局部概率 α_T 相加得到 $P(O|\lambda)$。前向算法在迭代计算当前时刻的局部概率时可利用上一时刻计算的信息,其时间复杂度为 $O(N^2 T)$,与观察向量序列长度 L 成线性关系。

2)目标辐射源行为辨识

对当前时刻最可能状态的估计则属于 HMM 模型的解码问题。给定一个观察向量序列 $O = \{o_1, o_2, \cdots, o_T\}$ 和模型 λ,如何计算状态序列 $Q = \{q_1, q_2, \cdots, q_T\}$,使

表 3.1　前向算法

> 定义前向变量 $\alpha_t(i), 1 \leq t \leq T, 1 \leq i \leq N$：
> $$\alpha_t(i) = P(o_1, o_2, \cdots, o_t; q_t = s_i | \lambda)$$
> 表示时刻 t 输出部分观察向量序列 $o_1, o_2, \cdots, o_t$，并且是状态 s_i 的局部概率。
> （1）初始化：
> $$\alpha_1(i) = \pi_i b_i(o_1) \quad 1 \leq i \leq N$$
> 式中：π_i 表示初始状态为 s_i 的概率；$b_i(o_1)$ 表示在任意时刻，若状态为 s_i，则观测值 o_1 被获取的概率。
> （2）递归：
> $$\alpha_{t+1}(j) = \left[\sum_{i=1}^{N} \alpha_t(i) a_{ij}\right] b_j(o_{t+1}) \quad 1 \leq t \leq T, 1 \leq i \leq N$$
> 式中：a_{ij} 表示在任意时刻，若状态为 s_i，则下一时刻状态为 s_j 的概率。
> （3）终止：
> $$P(O | \lambda) = \sum_{i=1}^{N} \alpha_T(i)$$

得该状态序列能"最好地解释"观察向量序列。通俗地讲，就是搜索生成观察向量序列的最可能的隐藏状态序列。

在目标辐射源的层次识别框架中，辐射源的行为辨识是建立在型号识别挑选出的最佳候选对象的基础上进行的。依据最佳候选对象的 HMM 模型的行为知识，利用相关算法对给定观察向量序列进行解码，给出最佳的状态变化序列。

HMM 模型解码问题的求解一般采用 Viterbi 算法实现，基于 HMM 模型的目标辐射源行为辨识算法如表 3.2 所列。

表 3.2　Viterbi 算法

> 定义变量 $\delta_t(i), 1 \leq t \leq T, 1 \leq i \leq N$：
> $$\delta_t(i) = \max_{q_1, q_2, \cdots, q_{t-1}} P(q_1, q_2, \cdots, q_{t-1}, q_t = s_i, o_1, o_2, \cdots, o_t | \lambda)$$
> 表示时刻 t 到达状态 s_i 的最可能路径的局部概率。
> （1）初始化：
> $$\Phi_1(i) = 0 \quad 1 \leq i \leq N$$
> （2）递归：
> $$\delta_t(j) = \max_{1 \leq i \leq N}[\delta_{t-1}(i) a_{ij}] b_j(o_t) \quad 2 \leq t \leq T, 1 \leq j \leq N$$
> $$\Phi_t(j) = \arg\max_{1 \leq i \leq N}[\delta_{t-1}(i) a_{ij}] \quad 2 \leq t \leq T, 1 \leq j \leq N$$
> （3）终止：
> $$P^* = \max_{1 \leq i \leq N}[\delta_T(i)]$$
> $$q_T^* = \arg\max_{1 \leq i \leq N}[\delta_T(i)]$$
> （4）状态序列回溯：
> $$q_t^* = \Phi_{t+1}(q_{t+1}^*)$$

从 Viterbi 算法的描述可以看到,首先初始化 $t=1$ 时刻的局部概率 δ_1,然后递归计算 $t=2,3,\cdots,T$ 时刻观察向量序列的局部概率 δ_t,最后在 $t=T$ 时刻选择包含最大局部概率的状态,利用反向指针回溯寻找最佳隐藏状态路径。Viterbi 算法递归计算局部概率的方法与 Forward 算法类似,只是公式中的求和符号改为取最大符号。因此,Viterbi 算法的时间复杂度也是 $O(N^2T)$。

3.4 基于目标状态特征的威胁等级评估

本节以雷达辐射源为例,介绍目标状态威胁等级评估的方法。

1)评估模型

雷达状态威胁程度分析受到多种因素影响,主要包括雷达信号的脉冲宽度、瞬时带宽和脉冲重复频率等因素。雷达状态的威胁程度主要通过一个评估模型来计算,下面详细介绍评估模型。

雷达状态威胁程度的评估模型由以下两个因素构成:雷达状态威胁因素的权值和雷达状态威胁因素的隶属度函数。雷达状态威胁因素的权值反映了威胁因素对威胁程度的相对重要性,是威胁因素的偏好信息。将各个威胁因素对威胁等级权值构成的权向量记为 $w=[w_1,w_2,\cdots,w_n]$,且满足 $\sum_{i=1}^{n}w_i=1$。雷达状态威胁因素的隶属度函数反映了各因素对威胁程度分析的影响程度。各威胁因素的隶属函数值形成了威胁隶属度向量 $u=[u_1,u_2,\cdots,u_n]$,n 为隶属度函数的种类。

综合上面的两个因素,得到威胁程度评估模型的公式为

$$D = \sum_{i=1}^{n} w_i \cdot u_i(f) \tag{3.36}$$

2)威胁因素权值的确定

每个威胁因素对雷达状态威胁程度的贡献是不同的,因此,在计算雷达状态的威胁程度时,必须确定各属性的权重。这里采用环比评分法来确定权值:设 $f_1, f_2,\cdots,f_n$ 是雷达状态的 n 个威胁因素,设 R_i 表示威胁因素两两比较的重要性比率,即决策者首先给出 f_{n-1} 与 f_n 之间、f_{n-2} 与 f_{n-1} 之间直至 f_1 与 f_2 之间的重要比率 R_n,$R_{n-1},\cdots,R_2$。设 K_i 表示因素的评价值,可由以下公式求得

$$\begin{cases} K_{i-1} = R_{i-1} \cdot K_i \\ K_n = 1 \end{cases} \tag{3.37}$$

式中:$i=n,n-1,\cdots,1$。用 w_i 表示归一化后的权值,则

$$w_i = \frac{K_i}{\sum_{i=1}^{n} K_i} \quad i = 1, 2, \cdots, n \tag{3.38}$$

3)威胁因素隶属度函数的确定

本节选择威胁因素的隶属度函数包括雷达信号脉冲宽度隶属度函数 $u_1(f)$、雷达信号瞬时带宽隶属度函数 $u_2(f)$、雷达信号脉冲重复频率隶属度函数 $u_3(f)$。

(1)脉冲宽度的隶属度函数。对于脉冲雷达来说,脉冲宽度是确定其距离分辨力的重要参数,公式如下:

$$L_{\min} = \frac{c}{2}\tau = \frac{c}{2B} \tag{3.39}$$

式中:$L_{\min}$表示距离分辨力;τ 为脉冲宽度;B 为信号带宽。

从关系式中不难看出:脉冲宽度越宽,雷达的距离分辨精度越低;脉冲宽度越窄,$L_{\min}$越小,即雷达的距离分辨力越强。因此,可以认为,雷达威胁等级与脉冲宽度成反比关系,其隶属度函数可表示为

$$u_1(f) = \frac{1}{1+f^2} \tag{3.40}$$

(2)瞬时带宽的隶属度函数。从式(3.39)中还可以看出:当信号的瞬时带宽较小时,雷达距离分辨力弱,可能处于搜索模式,威胁较低;当雷达发射宽带或超宽带信号时,$L_{\min}$很小,即雷达距离分辨力很强,可能处于目标成像或识别模式,威胁较高。因此,雷达威胁等级与瞬时带宽成正比关系,其隶属度函数可定义为

$$u_2(f) = 1 - e^{-f^2} \tag{3.41}$$

(3)脉冲重复频率的隶属度函数。当信号的脉冲重复频率(PRF)较低时,可认为雷达状态为远程警戒,威胁较低;当 PRF 较高时,雷达一般会处于近程跟踪,威胁较高。一般认为雷达发射信号重频在 0.1kHz 时,威胁程度小,可近似等于0;而当其重频越过 0.1kHz 时,威胁程度随重频的增大而增大,故 PRF 的隶属度函数可定义为

$$u_3(f) = \begin{cases} 0 & 0 < f \leq 0.1 \\ 1 - e^{-(f-0.1)^2} & f > 0.1 \end{cases} \tag{3.42}$$

4)计算步骤

综上所述,雷达状态威胁等级评估的具体步骤如下:

(1)根据目标状态识别的结果,计算当期雷达状态 S_t 所对应的类别中心 C_t(雷达状态的统计特征)。

(2) 计算 S_i 的威胁程度值 D_i：
① 雷达状态的威胁程度分析受到多种因素影响，确定合理的威胁因素；
② 为每个威胁因素设定评估权值 w_i；
③ 确定每种威胁因素的隶属度函数 $\mu(f)$；
④ 由式(3.36)计算当前状态的威胁程度值。

(3) 评估威胁等级：按照状态威胁程度值从小到大排列，分别赋予每个雷达状态不同的威胁等级。

3.5 雷达(网)的行为特征分析与识别

本节以雷达或雷达网络为对抗目标，介绍贝叶斯网络学习以及 BP 神经网络分别在对时域、频域、空域内对具有自适应特征的雷达行为进行识别的应用。

3.5.1 雷达行为特征规律分析

从现代雷达设计的角度来看，按照系统响应的不同特征，可以认为一个雷达功能事件具有"模式—状态—波形"的层级结构：首先根据雷达的功能要求和平台特点选择合适的工作模式，如广域监视、要区搜索、目标指示、精密跟踪、目标识别、火控制导、杀伤评估等；再根据事件过程和目标变化情况控制雷达在多种工作状态之间快速转换，如舰载多功能相控阵雷达对目标检测的过程通常包含搜索、确认、普通跟踪、精确跟踪、小区搜索等多种状态；最后根据不同的地理环境和电磁空间环境等调整雷达的发射波形，以满足不同的探测需求并获得性能最优，如根据目标距离远近采用不同重复频率或不同脉冲宽度的信号波形，以及采用频率捷变或脉冲压缩等抗干扰措施。

从电子对抗的角度考虑，通常只能获得雷达的信号波形以及经过侦察处理后输出的传统波形特征参数。而在真实战场环境下的对抗过程中，由于侦察方难以事先获得敌方雷达情报信息建立相应的雷达知识项，因此对于未知雷达，可以先通过对信号波形进行分析，提取重频类型、判断波形模糊度、统计回访数据率、判断雷达信号能量变化规律、计算雷达信号时间带宽积、波束驻留时间等表征雷达事件的行为特征参数，然后通过对这些特征参数进行融合以识别雷达当前的行为，如图 3.7 所示。对雷达行为的识别过程可以看作是根据雷达工作原理，由表象的信号波形向本质的行为特征进行逆向推理的过程。其中，雷达行为特征参数的提取和行为识别过程是关键。在雷达行为识别的基础上，还可以根据雷达的当前行为结合历史信息，对干扰效果进行评估，或者对下一时刻雷达可能出现的行为进行预测,这将有助于干扰决策的准确性和干扰效能的提高。

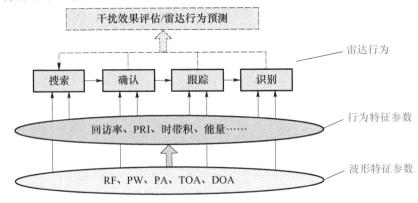

图 3.7 雷达行为识别过程示意图(见彩图)

RF—雷达载频;PW—脉冲宽度;PA—脉冲幅度;TOA—到达时间;DOA—到达方位。

3.5.2 时/频/空域自适应雷达行为识别仿真及分析

本节分别对具有时域、频域和空域自适应特征的雷达行为识别方法进行介绍,并给出仿真实验和结果分析。

3.5.2.1 基于贝叶斯网络的时域自适应雷达行为识别

雷达波形选择是时域自适应雷达行为的一种重要手段,目标雷达会建立一个波形库,按照一定准则在波形库内选取发射波形以提高雷达性能。雷达波形选择所选取的自适应准则是下一时刻发射什么样的波形的依据,与雷达所处的工作模式(或雷达任务)紧密相关。

1)时域自适应雷达行为建模及学习算法建模

首先,本节假设目标雷达以最小互信息量准则为波形选择准则,即前后两次雷达回波信号的互信息量最小。对时域自适应的目标雷达进行建模,如图 3.8 所示。从图中可知,最小互信息量准则决定了时域自适应雷达行为的状态转移情况。

在此基础上,可以针对性地对学习算法进行建模,将算法的输入、输出具体化,如图 3.9 所示。这里,学习算法的输入与时域自适应雷达部分一致,输入的雷达状态由波形参数来描述,而干扰信号则直接简化为干扰样式编号;输出则将雷达状态进行编号,作为离散分类的一种特殊形式,反馈线的真实输出则是图 3.8 中的雷达状态输出。

2)贝叶斯网络学习

3.3 节介绍了 HMM 这种动态贝叶斯网络模型,本节根据雷达对抗的特点设计

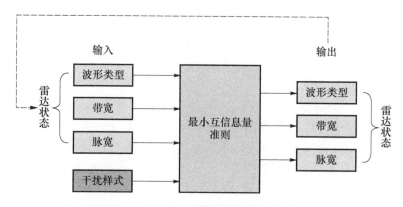

图 3.8 时域自适应雷达行为建模（见彩图）

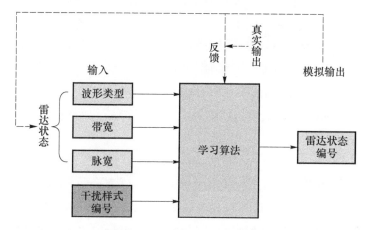

图 3.9 针对时域自适应雷达的学习算法建模（见彩图）

一种简单的贝叶斯网络结构，如图 3.10 所示：当前干扰样式 j_k 与雷达当前状态 s_k 有关，而雷达下一时刻的状态 s_{k+1} 由当前状态 s_k 和当前干扰样式 j_k 共同决定。

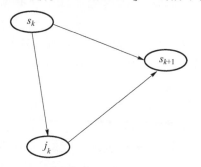

图 3.10 雷达对抗中的贝叶斯网络结构

根据贝叶斯定理,雷达状态估计的后验概率输出为

$$P(s_{k+1}|j_k,s_k) = \frac{P(s_{k+1}|s_k) \times P(j_k|s_{k+1},s_k)}{P(j_k|s_k)} \quad (3.43)$$

公式左边表示在 k 时刻雷达处于状态 s_k、对抗方采取干扰 j_k 时,雷达在 $k+1$ 时刻转变为新状态 s_{k+1} 的概率,为雷达新状态的后验概率估计。公式右边的分子中,$P(s_{k+1}|s_k)$ 表示雷达的状态转移概率,也是 $k+1$ 时刻状态的先验概率;$P(j_k|s_{k+1},s_k)$ 是干扰条件概率,表示雷达在 k 时刻是状态 s_k、$k+1$ 时刻是状态 s_{k+1} 的条件下,对抗方采取干扰 j_k 的概率;分母 $P(j_k|s_k)$ 表示以当前状态 s_k 为条件,对抗方选择干扰 j_k 的概率。

利用上面贝叶斯网络参数学习得到的最大后验解作为先验知识,对时域自适应雷达行为进行学习。对目标雷达的波形不断遍历,最终得到置信度较高的目标雷达波形转变表。算法的核心就是设置一个目标波形,然后有目的地选择干扰样式去引导对抗目标将状态转移到对抗方所设置的目标波形上。识别流程图如图 3.11 所示。其中,将雷达所有的发射波形遍历一次称为"一幕",干扰动作的选取准则为

$$j = \text{argmax}_j \{ P(\text{curWave}|j,\text{gWave}) \} \quad (3.44)$$

即根据当前波形 curWave 和目标波形 gWave,在贝叶斯后验概率表中选择具有最大概率的干扰样式 j。

后验概率表的更新公式为

$$P(\text{curWave}|j,\text{gWave}) = P(\text{curWave}|j,\text{gWave}) - \alpha \Delta P \quad (3.45)$$

$$\Delta P = P(\text{curWave}|j,\text{gWave}) - \gamma \max_{j'} \{ P(\text{curWave}|j',\text{gWave}) \} \quad (3.46)$$

式中:ΔP 相当于算法没有达到目标波形的惩罚;α 为学习率;γ 为置信度折扣。

3) 算法仿真及分析

仿真参数设置:

(1) 波形库内设置 8 类波形,每类波形设置 4 种带宽,因此,共有 32 种波形,分别对其进行编号。

(2) 干扰信号类型设置为 4 种,也分别对其进行编号。

(3) 学习率 α 设为 0.1;γ 设为 0.95;迭代次数上限为 200;仿真幕次数为 1000;目标波形设置为 16 号波形。

图 3.12 为贝叶斯网络学习算法的仿真结果,其中,横坐标表示幕次数,而纵坐标表示每次达到目标状态所需要的迭代次数,也即对抗方与敌方雷达进行交互时,牵引敌方雷达到达目标状态时所需要的交互次数。从图 3.12 可以看出,在仿真幕次的开始阶段,所需要的迭代次数很多,而随着仿真幕次的加深,算法达到目标波形所需要的迭代次数逐渐减少,最后达到收敛。

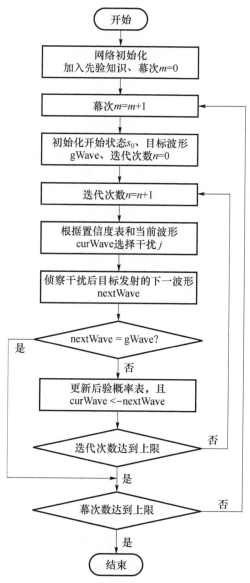

图 3.11 时域自适应雷达行为识别流程图

算法收敛后,学习得到的雷达状态转移情况以及各种雷达状态(波形)下所对应的最佳干扰样式如图 3.13 所示。

3.5.2.2 基于 BP 神经网络的频域自适应雷达行为识别

1)频域自适应雷达行为建模及学习算法建模

频域自适应雷达行为建模如图 3.14 所示。从图中可以看出,频域自适应雷达

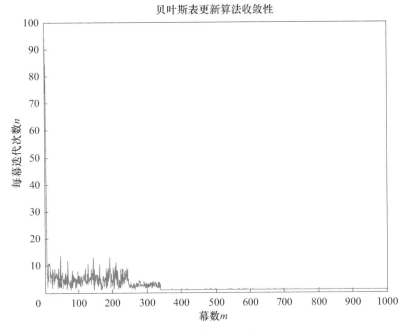

图 3.12　算法收敛性

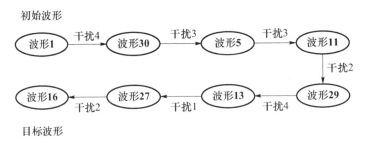

图 3.13　学习得到的雷达状态转移情况以及各种雷达状态下的最佳干扰样式

在进行频点选择的过程中与雷达感知的各频点能量分布密切相关,也与干扰参数有关。与时域自适应行为不同的是,频域自适应的频点选择与上一次选择的频点没有直接的关系,跳变准则主要依赖于各频点能量的分布情况。

图 3.15 为针对频域自适应雷达的 BP 神经网络算法建模示意图,需要注意的是,图中各频点能量分布的输入是指对抗系统感知到的能量分布情况,与图 3.14 中真实的能量分布情况会有细微的差别。另外,BP 算法的输出是频点编号,这表明作为非合作方,其所知的频点可能与雷达所用的频点表征顺序不同,在学习的过程中,假设已知敌方雷达频点选择范围,而频点表征完全是按照对抗方的表征方式来描述的。

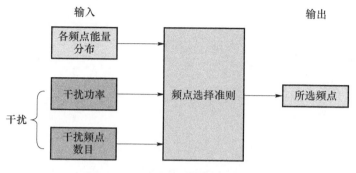

图 3.14 频域自适应雷达行为建模

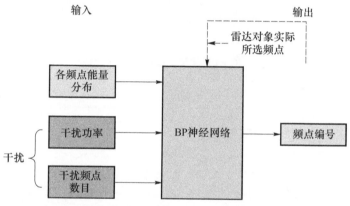

图 3.15 针对频域自适应雷达的 BP 神经网络算法建模示意图

2）BP 神经网络算法仿真及分析

本节针对频域自适应雷达采取的干扰手段是：首先，对抗方接收机对环境进行感知，得到一定频段范围内的信号能量分布情况；然后，选择能量较低的几个频点作为"凹点"；最后，设置多部干扰机在此频段范围内剩余的部分频点向雷达发射噪声干扰信号，即增加雷达接收机处非频率凹点的信号能量，影响其频点的选择。

仿真参数设置如下：

（1）雷达频点范围：5.0~5.5GHz，频点间隔为 20MHz，共 26 个频点。

（2）BP 神经网络的输入层神经元个数为 26、隐藏层神经元个数为 8、输出层神经元个数为 26；隐藏层和输出层的激活函数均是 Sigmoid 函数；输出层预测时选取 26 个输出节点中具有最大值的节点作为预测频点。

（3）干扰手段仿真设置：干扰信号功率密度设为 2 种；干扰机个数设为 3 个；对抗方频率"凹点"对应的频点编号为 1。此时 BP 神经网络的监督输出为加入了干扰之后的敌方雷达所选频点。

仿真结果见图 3.16、表 3.3、表 3.4。

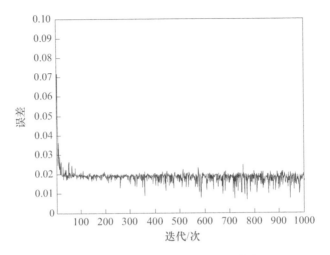

图 3.16 BP 神经网络误差学习曲线

表 3.3 预留 1 个频率"凹点"时的预测准确率

预测准确率	迭代 1000 次	迭代 2000 次
训练数据	83.0%	96.0%
测试数据	73.0%	86.0%

从仿真结果可以看出,算法能够达到收敛,并能有效学习到雷达的行为规律,并且在预留 1 个频率"凹点"时具有较高的预测准确率。

表 3.4 预留 2 个频率"凹点"时的预测准确率

预测准确率	迭代 1000 次	迭代 2000 次
训练数据	57.67%	87.0%
测试数据	52.33%	72.33%

对比表 3.3 和表 3.4 可知,对抗方预留 2 个频率"凹点"的情况下,BP 神经网络的预测准确率会降低,原因主要是频率自适应雷达是按照最小频点选择准则进行建模的,所以当有干扰时,干扰机只预留一个频率"凹点",显然会比预留两个频率"凹点"的情况预测性能要好。

3.5.2.3 基于 BP 神经网络的空域自适应雷达行为识别

1) 空域自适应雷达行为建模及学习算法建模

空域自适应雷达行为建模如图 3.17 所示。

自适应副瓣对消(ASLC)行为是空域自适应雷达的主要措施,它是指敌方雷达在受到干扰时将方向图中干扰方向置零。虽然在表征雷达方向图状态时利用主瓣

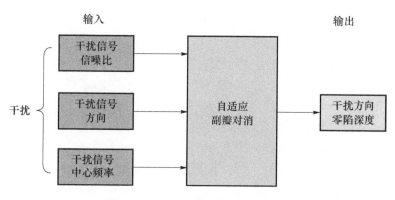

图 3.17 空域自适应雷达行为建模

方向、零陷方向及零陷深度等参数,但是在对自适应副瓣对消对象实际建模过程中,由于主瓣方向一直设为 0°,而且假设对抗方已知干扰方向,则我方主要感兴趣的是不同的干扰形式下敌方雷达方向图中干扰方向上的置零深度,故将其作为模型输出。另外,根据自适应副瓣对消的原理,其置零方向和深度与干扰信号的信噪比、信号方向、中心频率、干扰数目等参数有关,由于要满足样本数据维度固定且一致的需求,现暂只用前三种参数作为输入,并固定干扰数目为 3。

图 3.18 为针对空域自适应雷达的 BP 神经网络算法建模示意图。从图中可以看出,BP 神经网络的输入、输出与自适应副瓣对消对象的输入、输出完全一致,此时,BP 神经网络对 ASLC 的学习实质上是对 ASLC 算法进行拟合,利用雷达在不同干扰下的方向图实际置零深度给予算法反馈。

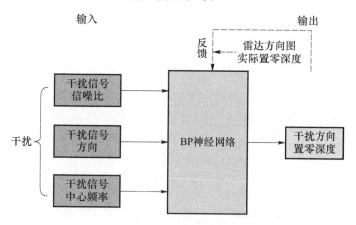

图 3.18 针对空域自适应雷达的 BP 神经网络算法建模示意图

2)BP 神经网络算法仿真及分析

仿真参数设置如下:

（1）雷达及干扰参数设置。雷达天线阵列为由 8 个阵元构成的均匀线阵,假设阵列接收到 4 个信号,其中一个信号为雷达回波信号,其他 3 个是干扰信号;4 个信号的带宽、载频均相同;来波方向在 -90°~90°之间,间隔为 1°;信噪比在 10~60dB。

（2）干扰信号产生过程。3 个干扰信号分别在不同的基带中心频率、来波方向、信噪比的范围内随机选取得到不同的 3 个干扰信号集。

（3）BP 神经网络参数设置。输入层神经元个数为 9（3 个干扰信号,每个干扰信号有 3 种参数）,隐藏层神经元个数为 2,输出层神经元个数为 3（方向图中 3 个干扰信号方向上的置零深度）。另外,隐藏层激活函数为 log – sigmoid 函数,输出层激活函数为 purelin 函数。

图 3.19 是对空域自适应雷达行为进行学习的学习误差曲线,横坐标是指 BP 神经网络对网络权值进行迭代的次数,纵坐标表示在迭代过程中每次迭代后的网络输出与期望值的均方误差（单位是 dB）。

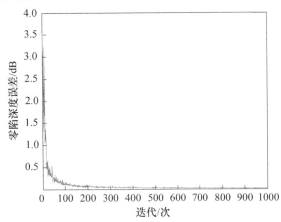

图 3.19　BP 神经网络置零深度学习误差曲线

图 3.20 是训练样本和测试样本置零深度预测误差。将两者对比可知,训练样本和测试样本误差均在 0.25dB 上下波动,两者差距不明显,表明在利用训练样本进行网络权值学习后,通过学习到的权值对新出现的干扰信号测试样本进行预测,有很好的预测性能,也就是说利用 BP 神经网络学习自适应副瓣对消行为可以达到不错的学习效果。

3.5.3　雷达网的工作模式感知与识别

3.5.3.1　雷达组网模式分析

常见的雷达组网模式包括:集中式、分布式、混合式、多级式、双/多基地、引导交

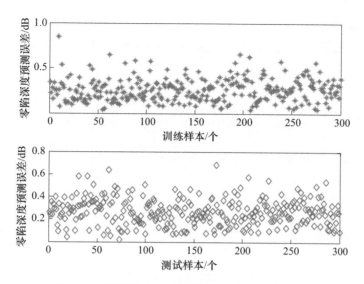

图 3.20　训练样本和测试样本置零深度预测误差

接班和无源定位等。每种模式下又有一些改进或变种(例如,没有距离信息的双多基地组网即退化为多站无源定位模式)。因此,雷达组网的具体工作模式较多,需要具体问题具体分析。下面对工程中常用的几类雷达组网方式的基本原理进行简介。

1) 集中式组网

集中式组网(图 3.21)中的各分雷达单独工作或只进行探测处理,探测的原始点迹数据全部上传给融合中心,在融合中心集中进行数据对准、数据互联、预测和综合跟踪形成统一航迹。融合中心滤波后需要进行实时反馈,以便引导分雷达进行照射。

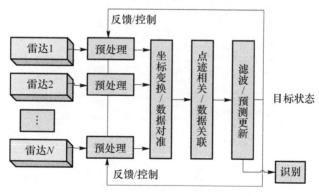

图 3.21　集中式组网的原理框图

2) 分布式组网

分布式组网(图 3.22)中的每部雷达是完整的雷达系统,各雷达单独工作,由各自的数据处理器产生局部多目标航迹,然后将探测的航迹数据传至融合中心,中心根据各节点的航迹数据完成航迹关联和航迹融合,形成全局航迹。

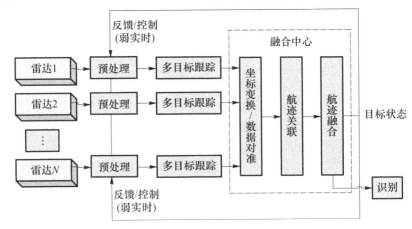

图 3.22　分布式组网的原理框图

3）双/多基地组网

在双/多基地组网模式(图 3.23)中,发射站发射数据,各接收站接收数据。探测的原始数据全部上传给处理中心,通过定位算法规划点迹再进行跟踪滤波处理。处理结果实时传递给各分系统。各站之间还要通过同步数据链实现相位同步、空间同步和时间同步。

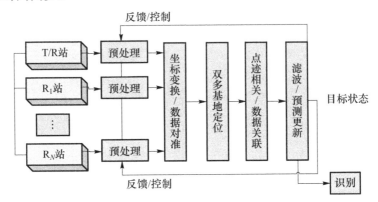

图 3.23　双/多基地组网的原理框图

4）引导交接班模式

引导交接班模式一般由预警雷达直接向制导雷达指示或者指控中心向制导雷达交接。此模式一般用于精度较低的雷达向制导雷达交接,或者各雷达由于视距限制不能探测全程而进行引导交接。

5）无源定位模式

无源交叉定位模式（图3.24）一般用于干扰源的无源交叉定位。此模式一般无发射站,接收站之间也不需要同步,只需告知被动测角即可。探测的原始数据全部上传给处理中心,通过定位算法规划点迹再进行跟踪滤波处理。

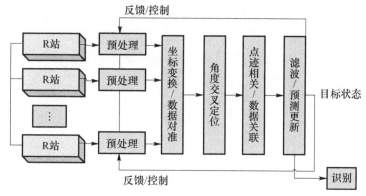

图3.24　无源交叉定位模式的原理框图

3.5.3.2　雷达组网模式识别技术

首先可做如下假设:①组网雷达中各单部雷达的坐标已知,且固定不变;②雷达信号参数已知,但雷达组网方式未知;③侦察设备覆盖网内所有雷达,可接收网内所有雷达信号。

根据上节对雷达组网工作模式的分析可知,不同组网方式的雷达信号在时、频、空域具有不同的特征,需要首先分析不同组网方式下雷达信号的特点。

（1）集中式和分布式的雷达网拓扑结构都为树状链路,即一个处理中心,多个数据收集节点。两种组网模式下,侦察设备大部分时间都会同时接收到多部雷达的信号,而两者主要的区别在于网内雷达的工作方式,集中式组网中的各部雷达由于只进行探测,所以一般工作在搜索模式;而分布式组网中的各部雷达由于需要形成稳定航迹,因此会工作在跟踪模式。

（2）双/多基地模式雷达网的拓扑结构为环状链路,各分系统和融合中心之间相互互联,同步数据链的稳定性要求比较高。在该模式下,侦察设备只可能接收到同一部雷达的信号。

（3）引导交接班模式雷达网的拓扑结构为点对点或串行结构。在该模式下,侦察设备大部分时间只能接收到单部雷达的信号,只不过在不同时间段信号来源可能是不同的雷达。

（4）无源定位模式的判断标准为:起初可接收到多部雷达的信号,但在某个时刻,信号消失。

对整个侦察时间进行 N 点采样，分别为时刻 $t_1,t_2,\cdots,t_N$，N 为时间样本总数；设在时刻 t_i 侦察设备截获的雷达信号为 $S_{i1},S_{i2},\cdots,S_{ik_i}$，其中 $k_i>0$，为 t_i 时刻所接收雷达信号的个数。利用雷达信号特征提取技术，识别这 k_i 个信号源 $R_{i1},R_{i2},\cdots,R_{ik_i}$。将识别结果与雷达数据库进行比对，得到在时刻 t_i 对目标进行探测的雷达，并利用 3.5.2 节介绍的雷达行为识别方法对网内各部雷达的工作模式进行识别，从而可得在整个侦察时间内，网内各部雷达的工作状态情况。

为了便于处理，引入雷达工作状态矩阵 S，设雷达网中的雷达个数为 M，则矩阵 S 的大小为 $M\times N$：

$$\begin{pmatrix} b_{11} & \cdots & b_{1N} \\ \vdots & \ddots & \vdots \\ b_{M1} & \cdots & b_{MN} \end{pmatrix}$$

式中：b_{ij} 表示雷达网中辐射源 i 在时刻 j 的工作状态。这里 b_{ij} 取值为 0,1,2 或 3,0 表示未开机，1 表示开机工作，2 表示搜索状态，3 表示跟踪状态。

按照以下步骤对组网模式进行识别：

（1）如果 S 为全 0 矩阵，即整个侦察时间内未检测到雷达工作，则不予识别。

（2）如果 S 不为全 0 矩阵，则去除矩阵 S 中元素全部为 0 的行，即整个侦察时间都未开机工作的雷达，可得到工作雷达状态矩阵 S'。

（3）如果 S' 的行数为 1，即整个观测时间内只接收到来自 1 部雷达的信号，则可判定为双/多基地组网模式。

（4）如果 S' 的行数大于 1，即整个侦察时间内可接收到多部雷达的信号。将 S' 中所有非零元素置为 1，然后进行列求和，得到向量 S_r，S_r 中的元素 S_{rj} 即在时刻 j 工作的雷达数目。求 S_r 中元素 1 所占的比率 $P_{S_r}(1)$，如果 $P_{S_r}(1)\geqslant p_1$（p_1 为设定的阈值），即大多数时刻只能接收到单部雷达信号，则可以判定为引导交接班模式。

（5）如果 $P_{S_r}(1)<p_1$，求 S_r 中元素为 0 的比率 $P_{S_r}(0)$，如果 $P_{S_r}(0)\leqslant p_0$（p_0 为设定的阈值），即大多数时刻都有超过 1 部雷达在工作。分别计算 S' 中元素 2 和 3 所占的比例 $P_{S_r}(2)$ 和 $P_{S_r}(3)$，即雷达工作在搜索和跟踪状态的比率。若 $P_{S_r}(2)>s\times P_{S_r}(3)$，则表示网内雷达大部分时刻工作在搜索模式，可判定为集中式组网模式；若 $P_{S_r}(3)>t\times P_{S_r}(2)$，则表示网内雷达大部分时刻工作在跟踪模式，可判定为分布式组网模式，其中，s、t 均为常数，且都大于 1。

（6）如果 $P_{S_r}(0)>p_0$，即大多数时刻接收不到雷达信号，对 S_r 求一阶差分，得到差分序列 S'_r。如果 S'_r 仅有 1 个小于 0 的元素，表示多部雷达同时停止发射信号，则判定为无源定位模式。

整个识别流程如图 3.25 所示。

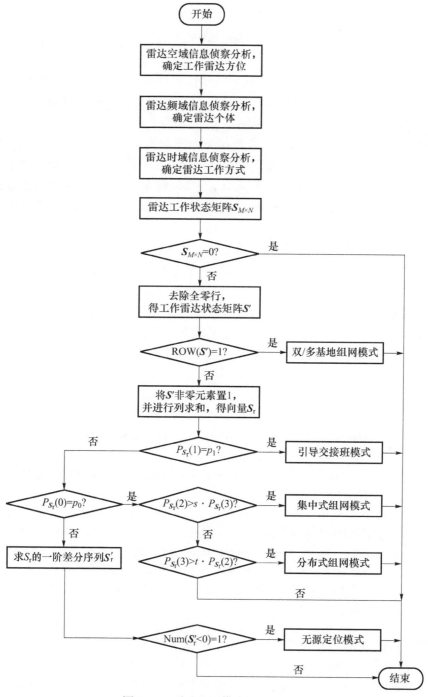

图 3.25 雷达组网模式识别流程图

3.6 本章小结

本章首先介绍了传统电子战中目标信号侦察处理的主要任务，并重点介绍了信号分选和辐射源识别技术；针对其局限性，进一步基于人工智能理论探讨可用于认知电子战的目标信号威胁感知，从有监督分类和无监督聚类两个角度分别研究已知及未知目标状态识别的方法，并利用概率图模型进一步进行目标行为辨识。另外，本章还以目标状态识别积累的状态统计特征为依据，介绍目标威胁等级评估的方法。最后，以实例的方式分别介绍具有时域、频域、空域自适应特征的雷达行为分析与识别以及雷达网的工作模式识别方法，为认知电子战的具体应用提供思路。

虽然机器学习中的分类、聚类的研究取得了突飞猛进的发展，也不断涌现新型的先进算法，但由于电子对抗的特殊性，这些研究工作往往并不能直接应用于认知电子战，例如要求算法能够适应数量大、数据率快的信号数据流，以及需要对算法的学习效率进行大幅度改进等。因此，认知电子战的目标信号威胁感知仍然需要加倍关注和攻关，争取早日实现能够用于实战环境的目标辐射源自主感知甚至是战场综合态势感知。

参考文献

[1] 赵国庆. 雷达对抗原理[M]. 2版. 西安：西安电子科技大学出版社，2012.
[2] 国强. 雷达信号分选理论研究[M]. 北京：科学出版社，2010.
[3] Mardia H K. New techniques for the deinterleaving of repetitive sequences [J]. IEEE Proceedings, 1989, 136(4): 149 – 154.
[4] Milojevic D J, Popovic B M. Improved algorithm for the deinterleaving of radar pulses [J]. IEEE Proceedings, 1992, 139(1): 98 – 104.
[5] Nishiguchi K, Kobayashi M. Improved algorithm for estimating pulse repetition intervals [J]. IEEE Transactions on Aerospace and Electronic Systems, 2000, 36(2): 407 – 421.
[6] 孟伟. 雷达辐射源识别算法研究[D]. 西安：西安电子科技大学，2002.
[7] Visnevski N, Krishnamurthy V, Wang A, et al. Syntactic modeling and signal processing of multifunction radars: a stochastic context-free grammar approach [J]. Proceedings of the IEEE, 2007, 95(5): 1000 – 1025.
[8] 刘海军. 雷达辐射源识别关键技术研究[D]. 长沙：国防科学技术大学，2010.
[9] 陈凯. 基于D – S证据融合的相控阵雷达状态识别[J]. 电子科技，2012，25(10): 67 – 69.
[10] 陆鑫伟. 基于迁移学习的雷达辐射源识别研究[D]. 西安：西安电子科技大学，2012.

[11] Kim L S, Bae H B, Kil R M, et al. Classification of the trained and untrained emitter types based on class probability output networks [J]. Neurocomputing, 2017, 248(2017): 67-75.

[12] 刘凯, 王杰贵, 吴建飞. 基于区间灰关联的未知雷达辐射源智能识别 [J]. 现代防御技术, 2013, 41(6): 25-31.

[13] Wang C, Wang J, Zhang X. Automatic radar waveform recognition based ontime-frequency analysis and convolutional neural network [C]// IEEE International Conference on Acoustics, Speech and Signal Processing, March 5-9, 2017, NEW ORLEANS, USA: ICASSP, c2017: 437-2441.

[14] Zhang M, Diao M, Gao L, et al. Neural networks for radar waveform recognition [J]. Symmetry, 2017, 9(5): 75.

[15] D'agostino S. Specific emitter identification based on amplitude features [C]// International Conference on Signal and Image Processing Applications, October 19-21, 2015, Kuala Lumpur, Malaysia. New Jersey: IEEE Signal Processing Society, c2015: 350-354.

[16] Han J, Zhang T, Ren D, et al. Communication emitter identification based on distribution of bispectrum amplitude and phase [J]. IETScience Measurement Technology, 2017, 11(8): 1104-1112.

[17] Sun D, Li Y, Xu Y, et al. A novel method for specific emitter identification based on singular spectrum analysis [C]// Wireless Communications and Networking Conference, Mar 19-22, 2017, San Francisco, CA, USA. New Jersey: IEEE, c2017: 1-6.

[18] Ren D, Zhang T. Specific emitter identification based on intrinsic time-scale-decomposition and image texture feature [C]// International Conference on Communication Software and Networks, May 6-8, 2017, Guangzhou, China. New Jersey: IEEE, c2017: 1302-1307.

[19] Chen P, Li G, Xu K, et al. Applying the frechet distance to the specific emitter identification [C]// International Conference on Signal Processing, September 30-October 01, Dubai, UAE. New Jersey: IEEE, c2017: 1027-1030.

[20] Ru X, Gao C, Liu Z, et al. Emitter identification based on the structure of unintentional modulation [C]//International Congress on Image and Signal Processing, Biomedical Engineering and Informatics, October 14-16, 2017, Shanghai, China: CISP-BMEI, c2017: 998-1002.

[21] 周志华. 机器学习 [M]. 北京: 清华大学出版社, 2016.

[22] Frey B J, Dueck D. Clustering by passing messages between data points [J]. Science, 2017, 315(5814): 972-976.

[23] Rodriguez A, Laio A. Clustering by fast search and find of density peaks [J]. Science, 2014, 344(6191): 1492.

[24] Tax D, Duin R. Support vector domain description [J]. Pattern Recognition Letters, 1999: 1191-1199.

[25] Carpenter G A, Grossberg S, Reynolds J H. ARTMAP: supervised real-time learning and classification of nonstationary data by a self-organizing neural network [J]. Neural Networks, 1991, 4:

759 - 771.

[26] Carpenter G A, Rubin M A, Streilein W. ARTMAP-FD: familiarity discrimination applied to radar target recognition [C]//International Conference on Neural Network. New Jersey: IEEE, c1997: 1459 - 1464.

[27] Lau K W, Wu Q H. Online training of support vector classifier [J]. Pattern Recognition, 2003, 36(8): 1913 - 1920.

[28] Domeniconi C, Gunopulos D. Incremental support vector machine construction [C]// International Conference on Data Mining, November 29 - December 2, 2001, California, USA. New Jersey: IEEE, c2001: 589 - 592.

[29] Xiao T, Zhang J, Yang K, et al. Error-driven incremental learning in deep convolutional neural network for large-scale image classification [C]//ACM Conference on Multimedia, November 3 - 7, 2014, Florida, USA. New York: ACM, c2014: 177 - 186.

[30] Lee S W, Heo M O, Kim J, et al. Dual memory architectures for fast deep learning of stream data via an online-incremental-transfer strategy [C]//. ICML Workshop on Deep Learning, July 6 - 11, 2015, Lille, France.

[31] Chen K, Huo Q. Scalable training of deep learning machines by incremental block training with intra-block parallel optimization and blockwise model-update filtering [C]// International Conference on Acoustics, Speech and Signal Processing, March 20 - 25, 2016, Shanghai, China. New Jersey: IEEE, c2016: 5880 - 5884.

[32] Zhang X, Furtlehner C, Sebag M. Frugal and online affinity propagation [C]// Conference Francophone sur l' Apprentissage, 2008.

[33] Shi X H, Guan R C, Wang L P, et al. An incremental affinity propagation algorithm and its applications for text clustering [C]// International Joint Conference on Neural Networks, June 14 - 19, 2009, Atlanta, USA. New Jersey: IEEE, c2009: 2914 - 2919.

[34] Sun L, Guo C. Incremental affinity propagation clustering based on message passing [J]. IEEE Transactions on Knowledge and Data Engineering, 2014, 26(11): 2731 - 2744.

[35] Chakrabarti D, Kumar R, Tomkins A. Evolutionary clustering [C]//. ACM SIGKDD International Conference on Knowledge Discovery and Data Mining, August 20 - 23, 2006, Philadelphia, USA. New York: ACM.

[36] Liu C, Wu C. An evolutionary clustering method for arbitrary shaped data sets [C]// International Conference on Fuzzy Systems and Knowledge Discovery, August 13 - 15, Changsha, China: FSKD, c2016: 739 - 743.

[37] Furao S, Hasegawa H. An incremental network for on-line unsupervised classification and topology learning [J]. Neural Networks, 2006, 19(1): 90 - 106.

[38] Furao S, Ogura T, Hasegawa H. An enhanced self-organizing incremental neural network for on-line unsupervised learning [J]. Neural Networks, 2007, 20(8): 893 - 903.

[39] Furao S, Yu H, Sakurai K. An incremental on-line semi-supervised active learning algorithm

based on self-organizing incremental neural network [J]. Neural Computing & Applications, 2011, 20(7):1061 – 1074.

[40] Chen Z, Chen Y, Gao X, et al. Unobtrusive sensing incremental social contexts using fuzzy class incremental learning [C]// International Conference on Data Mining, November 14 – 17, 2015, Atlantic City, NJ, USA. New York: ACM, c2015:71 – 80.

[41] Masud M M, Chen Q, Khan L, et al. Classification and adaptive novel class detection of feature-evolving data streams [J]. IEEE Transactions on Knowledge and Data Engineering, 2013, 25(7):1484 – 1497.

[42] Koller D, Friedman N. Probabilistic graphical models: principles and techniques [M]. Cambridge, MA: MIT Press.

[43] Pearl J. Asymptotic properties of minimax trees and game-searching procedures [J]. Artificial Intelligence, 1980, 14(2):113 – 138.

[44] Rabiner L R. A tutorial on hidden Markov model and selected applications in speech recognition [J]. IEEE Proceedings, 1989, 77(2):257 – 286.

第 4 章 基于认知的干扰策略优化

如本书第1章所述,认知电子战中的干扰策略优化包括3方面的内容:针对目标多种状态的智能化干扰样式决策、针对未知威胁目标或目标未知状态的干扰波形优化以及"多对多"对抗中的自适应干扰资源调度。

本章4.1节首先介绍常用的干扰波形生成技术,主要介绍数字射频存储技术和数字干扰合成技术,并指明其局限性。之后4.2节通过人工智能中的强化学习理论阐述认知电子战中的干扰样式决策方法,根据强化学习的结果,对抗系统能够针对对抗目标的多种工作状态形成一套最优干扰策略,从而在后期对抗过程中,能够根据对抗目标的当前状态快速自动地选择最优的已有干扰样式。4.3节介绍认知电子战中的干扰波形优化方法,干扰波形优化主要针对未知威胁目标或对抗目标的未知状态,自动地优化干扰波形参数,从而使得对抗系统能够面对复杂多变的电磁环境生成灵活的干扰波形。最后,针对认知电子战中的"多对多"对抗问题,4.4节介绍基于差额法的干扰资源调度方法。

4.1 干扰波形生成技术

传统的干扰信号生成主要基于模拟电子技术,这种方法所需器件不仅体积大、功耗大,而且精度很难保证。近年来随着微波集成电路、微处理器技术及大规模超高速集成电路的发展,使得无线电信号的采集、波形存储和复制、信号处理、逻辑控制等问题得以解决,电子战中干扰信号的生成途径从早期的模拟方式逐渐演变到现在的数字模式,使得设备的复杂度大幅下降,可靠性大幅提高[1]。

常用的数字干扰产生技术有:数字射频存储(DRFM)和数字干扰合成(DJS)。其中,DRFM技术将截获到的信号经过混频得到中频信号储存在存储器里,然后在实施干扰时在数字域上进行干扰波形的矢量合成以及数字上变频,从而产生射频干扰信号[2];DJS技术是近年来出现和发展起来的干扰技术,它针对作战对象事先准备好基带干扰波形数据,在干扰实施时再从存储器中读出,然后与其它基带干扰波形数据矢量叠加,经过数/模(A/D)转换、上变频等产生射频干扰信号[3]。

本节将分别对 DRFM 和 DJS 技术原理进行简要介绍,最后说明现有干扰波形生成技术的局限性。

4.1.1 数字射频存储技术

DRFM 器是一种可以存储一定带宽范围内的射频信号,并可对其进行精确复制输出的特殊设备。DRFM 器不仅具有大瞬时带宽的工作能力,而且具有不易丢失相位信息、信号保真度好、存储频率精度高等特点,可方便产生各种类型的干扰信号,成为干扰系统中的关键部件。

数字储频的关键技术是对信号的量化、存储和重构。根据量化方式的不同,DRFM 可分为单通道幅度量化、相位量化、正交双通道幅度量化和幅相量化等[3]。本节以单通道幅度量化[4]为例,介绍 DRFM 的工作原理。

图 4.1 为简化的单通道幅度量化 DRFM 的结构原理图,它由下变频、中频和上变频 3 部分组成。根据接收信号的频率调谐本振,使输入信号与本振信号在进行混频后位于中频基带信号内,之后存储由下变频器所产生的基带同相信号(I)和正交信号(Q);基带信号经 A/D 转换器量化和采样转化为数字比特流,该数字信号存入存储器后,可对信号进行分析、变换;当需要复制并加以干扰调制输出时,从存储器中读出所存储的数据比特流并对其进行必要的幅相调制,然后经过 D/A 转换,经由上变频器变频后将其还原为中频基带信号;该中频信号与本振信号混频后,经过带通滤波器输出。为了保证对原始信号复现的精确性,要求下变频和上变频使用同一本振。

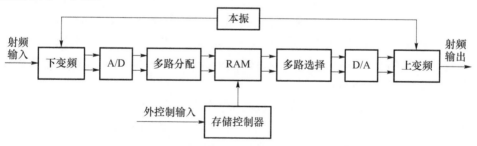

图 4.1 单通道幅度量化 DRFM 的结构原理图

4.1.2 数字干扰合成技术

数字干扰合成技术基于奈奎斯特采样定理产生干扰信号[5]。采样定理的主要思想是:为了保障能够重建完整的信号,设定采样频率一定要大于或等于已知模拟信号频谱中最高频率值的两倍。与采样定理有所不同的是,数字干扰合成过程是对信号的重构,所以 DJS 技术不是对一个模拟信号进行采样而得到信号,而是假定抽样过程已经发生且抽样值已经量化完成。DJS 技术主要解决的是关于如何通过某种映射把已经量化的数值送到 A/D 转换器以及后级的低通滤波器重建原始信号的问题。

4.1.2.1 DJS 干扰的基本原理

DJS 合成干扰的基本原理如图 4.2 所示。

图 4.2 DJS 干扰基本电路组成原理图[3](LPF:低通滤波器)

由图 4.2 的基本电路组成可以看出 DJS 技术的实质就是合成需要的模拟信号,它是取样定理的反向运用,DJS 的实现通常需要 3 个步骤:

(1)获取干扰信号的基带信号采样值 $I(n)$ 和 $Q(n)$。采样值都是由数字方法产生,可以随着干扰信号类型而改变,这些数字基带噪声干扰信号的波形一般都存在大容量的预存储器内。

(2)一旦需要对某辐射源进行某种模式的干扰,也就是需要合成某类干扰信号时,就按照一定的时钟频率把需要的基带干扰信号顺序输出,经过数/模转换器的作用,就可以生成两路模拟基带视频信号 $I(t)$ 和 $Q(t)$。

(3)对基带噪声与本振信号进行数字正交上变频,产生需要的射频干扰信号。DJS 信号合成中的数字基带信号样本并不一定是对实时接收到的辐射源发射信号的采样,也可以利用事先侦察得到的目标信号调制参数(如:载频、脉宽、脉内调制参数等)通过计算生成波形。

综上所述,如果不考虑上变频器件的带宽限制,DJS 干扰的带宽主要取决于基带信号的带宽,而基带信号的带宽又是来自正交数字序列的数/模转换,所以理论上 DJS 的最大不模糊带宽为数/模转换的工作频率。

4.1.2.2 基带信号的产生方法

DJS 技术进行干扰合成的第一步就是要产生基带干扰信号值。一般情况下,可以将这些数字基带干扰信号波形都存在大容量的预存储器内,当需要的时候再读取出来。DRFM 技术就是可以将输入的模拟信号进行数字量化,并且在需要输出的时候随时输出。虽然这种方法是进行合成基带干扰信号最直接、最简便的方法,但也需要在一定条件下才可以进行,一旦存储器容量过小,需要合成的干扰波形长度过长,则无法满足要求,并且受到器件速度的影响,DRFM 技术也只能在低频率上进行。另外,可以用功率谱来描述随机干扰信号,如高斯噪声干扰和杂波干扰,调用时通过功率谱来实时重构干扰波形的时间采样序列。当干扰信号可以用数学表达式表示时,可以通过必要的参数使用波形合成技术进行实时产生,例如射频噪声干扰信号、调频调相干扰信号等。再者,通过积累或者获取的参数,利用频率合成技术如直接数字频率合成(DDFS)等方式来实时产生所需要的波形,可节省大量存储空间。

归纳起来,干扰基带信号波形的产生来源主要有 3 种模式:①波形存储直读法,例如 DRFM;②实时计算方式,可以利用 DSP 或 FPGA;③利用参数直接数字频率合成,例如直接数字式频率合成器(DDS)技术。

4.1.3 传统干扰波形生成技术的局限

从上面分析可以看出,传统的干扰波形生成技术的局限性主要包括以下几个方面:

(1) 无论是 DRFM 技术还是 DJS 技术,都是遵循事先设定好的干扰样式,产生相应的干扰波形。而对抗目标往往具有多种工作状态,针对不同的目标状态,最优的干扰样式也不尽相同。认知电子战中的干扰波形决策技术可以根据对抗系统不断与外界环境交互获得的经验数据,建立目标状态与干扰样式之间的动态映射关联,从干扰回报值最大化的角度,对不同目标状态选择最优干扰样式。

(2) 现有的数字干扰波形产生技术无法根据外界对抗环境的变化生成全新的干扰波形。当对抗系统面临新型未知目标辐射源或是原有辐射源的未知工作状态时,原先设定的干扰样式可能不会达到令人满意的干扰效果。而认知电子战中的干扰波形优化技术,可以针对未知威胁目标信号,自主地、动态地、实时地优化干扰波形参数甚至生成全新的干扰样式,从而形成灵活多变的干扰波形。

(3) 在进行多目标干扰时,现有的数字干扰波形产生技术很难针对每一种特定的对抗目标均产生最佳的干扰波形,或是需要人为设定每一个特定目标的最佳基带信号。而认知电子战可以利用智能的干扰资源调度技术,利用现有的干扰资源,自动地完成干扰样式的最佳分配,实现利益最大化。

但是,现有的数字干扰波形产生技术是生成干扰波形的基本方法,认知电子对抗系统需要在实际对抗过程中将数字干扰波形产生技术与相应的认知技术相结合,取长补短、各尽其用,从而全面提升认知电子战装备的性能。

本章以下 3 节将分别介绍认知电子战中的干扰样式决策、干扰波形优化以及干扰资源调度技术。

4.2 基于强化学习的干扰样式决策

行为学习能力是不同认知系统的重要基本特征,而强化学习[6]是实现行为学习的方法之一。因此,认知电子对抗系统可以利用强化学习理论实现自适应的干扰样式决策,干扰方通过强化学习过程的实施,可以建立干扰资源与目标状态之间的联系,并不断优化干扰策略,学习结论可以支持干扰规则库和动态威胁库的构建。

强化学习的基本概念和通用模型已在 2.3.4 节进行了介绍,其与电子对抗之间的对应关系如图 4.3 所示。强化学习中 Agent 观察得到的环境状态 s 映射为对抗系统目标状态识别算法判定的目标状态 s_t;强化学习中的可选动作集映射为干扰资源库;Agent 的可选动作 a 映射为干扰波形 a_t;强化学习中环境给出的回报反馈映射为干扰效果评估算法计算出的干扰效能评估值 r_t。

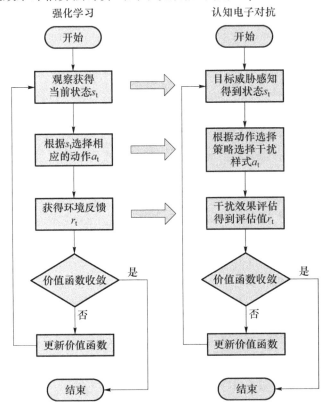

图 4.3 强化学习与认知电子对抗的对应关系

第4章 基于认知的干扰策略优化

本节首先介绍具体的强化学习算法的原理及优缺点，进而针对认知电子对抗的特点对传统强化学习算法的学习效率进行优化，最后分别以雷达对抗和通信对抗为例给出仿真实例。

4.2.1 强化学习算法

常用的强化学习算法包括：动态规划算法、蒙特卡罗算法、时序差分学习算法等，下面分别进行介绍。

4.2.1.1 动态规划算法

动态规划算法（DP）最初由 R. E. Bellman 于 1957 年提出[7]，它是指当环境模型给定时寻求最优策略的一类算法。DP 的核心思想是通过估计价值函数，来引导算法寻求"更优"的策略，这也是强化学习算法的普遍思想。

1）策略评估

对任意策略 π，计算价值函数的过程称为策略评估（Policy Evaluation）。根据马尔科夫性，可以将式（2.54）写成如下形式：

$$\begin{aligned} V^\pi(s) &= E_\pi\{R_t \mid s_t = s\} \\ &= E_\pi\left\{\sum_{k=0}^\infty \gamma^k r_{t+k+1} \mid s_t = s\right\} \\ &= E_\pi\left\{r_{t+1} + \gamma \sum_{k=0}^\infty \gamma^k r_{t+k+2} \mid s_t = s\right\} \\ &= \sum_a \pi(s,a) \sum_{s'} P_{ss'}^a \left[R_{ss'}^a + \gamma E_\pi\left\{\sum_{k=0}^\infty \gamma^k r_{t+k+2} \mid s_{t+1} = s'\right\}\right] \\ &= \sum_a \pi(s,a) \sum_{s'} P_{ss'}^a [R_{ss'}^a + \gamma V^\pi(s')] \end{aligned} \quad (4.1)$$

该式被称为 Bellman 公式，式中：$\pi(s,a)$ 为当状态为 s 时，在策略 π 下 Agent 选择动作 a 的概率；$P_{ss'}^a$ 为 Agent 执行动作 a 使得环境状态由 s 转移到 s' 的概率；$R_{ss'}^a$ 为在状态 s 执行动作 a 转移到状态 s' 所获得的期望回报。

2）策略改进和策略迭代

进行策略评估的目的是寻求更优的策略。在状态 s 下，如果选择一个动作 $a \neq \pi(s)$，然后再依据现有策略 π 选择之后的动作，我们希望知道这样做是否会比一直遵循策略 π 产生更大的延迟回报，即考察

$$\begin{aligned} Q^\pi(s,a) &= E_\pi\{r_{t+1} + \gamma V^\pi(s_{t+1}) \mid s_t = s, a_t = a\} \\ &= \sum_{s'} P_{ss'}^a [R_{ss'}^a + \gamma V^\pi(s')] \end{aligned} \quad (4.2)$$

事实上，对于两个策略 π 和 π'，如果对任意的状态 s 均满足：$Q^\pi(s,\pi'(s)) \geqslant$

$V^\pi(s)$,那么也一定满足:$V^\pi(s) \geqslant V^{\pi'}(s)$,这被称为策略改进理论。据此,当给定策略 π 以及它所对应的价值函数后,可对所有的状态都贪婪地选择能使价值函数 $Q^\pi(s,a)$ 最大的动作,以此优化策略 π,这个过程被称为策略改进(Policy Improvement)。

当 π 被改进为 π' 之后,可继续对 π' 进行策略评估,然后再次改进 π',如此循环反复进行,如图 4.4 所示,该过程被称为策略迭代(Policy Iteration)。并且由于有限 MDP 的策略数是有限的,此过程一定可以收敛到最优策略 π^*。

$$\pi_0 \xrightarrow{E} V^{\pi_0} \xrightarrow{I} \pi_1 \xrightarrow{E} V^{\pi_1} \xrightarrow{I} \pi_2 \xrightarrow{E} \cdots \xrightarrow{I} \pi^* \xrightarrow{E} V^*$$

图 4.4 策略迭代示意图

3)算法优缺点

DP 算法的优点:①算法严格收敛,应用广泛;②DP 中的策略评估和策略改进的过程可以进行更一般化的推广,它是其他强化学习算法的理论基础。

DP 算法的缺点:需要知道环境模型的完整信息,即 $P_{ss'}^a$ 和 $R_{ss'}^a$,这也是 DP 算法应用于实际的最大制约。

4.2.1.2 蒙特卡罗算法

蒙特卡罗算法(MC)也称统计模拟算法[8],是 20 世纪 40 年代中期由于科学技术的发展和电子计算机的发明而被提出的一种以概率统计理论为指导的一类非常重要的数值计算算法。

与 DP 不同,MC 不需要已知环境模型,而可以仅通过与环境进行交互所获得的经验知识估计价值函数。所谓经验知识,是指 Agent 与环境进行在线交互所获得的包括状态、动作、回报的样例序列。

根据经验预测状态价值函数的最直接方法就是将每次经历该状态后得到的累积回报进行平均。由于 MC 是对公式(2.52)中的 R_t 进行平均,因此 MC 仅适用于场景式任务(Episodic Task)。由于在每次场景式交互中,各个状态的回报值相对独立,根据大数定理,可以以各个状态的回报值的样本平均来估计价值函数,从而最终发现最优策略。在每一个场景中,状态 s 可能不止一次被经历,因此 R_t 有两种计算方法:①首次访问(First-visit),即只考虑第一次经历 s 到终止状态产生的累积回报;②每次访问(Every-visit),即对每次经历 s 到终止状态产生的累积回报取平均。

相比于 DP,MC 具有以下优点:①MC 可以直接通过 Agent 与环境交互学习最优策略而不需要环境模型;②MC 中每个状态价值函数的估计不依赖于其他状态的价值函数,当我们只关心环境的某些状态时,这种特性可以使算法仅仅对这些状态的价值函数进行估计,从而提高算法的学习效率;③MC 对环境的马尔科夫性要求不很严格。

MC 的缺点是它只适用于场景式任务,且只能在一个场景结束后才能更新价值函数和策略(即策略迭代是 Episode – by – episode),而不像 DP 那样在每一个时间步长内都能进行策略迭代(即 Step – by – step)。

4.2.1.3 时序差分学习

无论 DP 还是 MC,都不是强化学习的特有算法,而时序差分学习(TDL)则是专门针对强化学习所提出的,也是强化学习的核心算法。

最早的 TDL 算法研究主要由 Samuel 和 Klopf 做出[9-10],之后,Holland 对已有研究成果做出了重要改进[11],Sutton 则最终给出了完美收敛结果[12]。

在 MC 中,状态的价值函数必须在到达场景的终止状态时才能进行更新,与之不同,TDL 只需要等待一个时间步长:利用 $t+1$ 时刻的即时回报值 r_{t+1} 和状态 s_{t+1} 的当前价值函数对状态 s_t 的价值函数进行估计:

$$V(s_t) \leftarrow V(s_t) + \alpha[r_{t+1} + \gamma V(s_{t+1}) - V(s_t)] \qquad (4.3)$$

式中:$\alpha \in (0,1)$ 为步长参数,又称为学习率。如果 α 取足够小的常数,可以证明,TDL 收敛于 V^π;如果 α 随时间而减小,TDL 以概率 1 收敛。可以看出,TDL 融合了 DP 和 MC 的思想。TDL 与 MC 的相同点在于二者都是无模型的算法,可以直接从原始经验中学习而不需要环境模型;TDL 与 DP 的相同之处是其价值函数的更新方式也是逐步迭代的,即根据其他状态已经学习到的估计值来进行更新,而不像 MC 那样一定要等到场景的终止状态并产生了最终回报才进行更新。

在 TDL 的基础上,根据与环境交互过程中动作选择方式的不同,Watkins 和 Rummery 分别提出了 Q – 学习算法[13]和 Sarsa 算法[14],这两种算法由于其学习效率高、计算量小而成为强化学习中应用最为广泛的算法,下面分别进行介绍。

1) Q – 学习算法

Q – 学习算法是由 Watkins 在 1989 年提出的一种无模型强化学习算法。Q – 学习算法的提出进一步完备了强化学习并拓展了强化学习的应用。Q – 学习算法使得在缺乏立即回报函数和状态转移函数的支持下依然可以求出最优动作策略,换句话说,Q – 学习算法使得强化学习不再依赖于问题模型。此外 Watkins 还证明了当系统是确定性的马尔科夫决策过程的情况下,强化学习是严格收敛的,也即一定可以求出最优解。至今,Q – 学习算法已经成为使用最广泛的强化学习算法。

Q – 学习算法估计价值函数的方式如下:

$$Q(s_t, a_t) \leftarrow Q(s_t, a_t) + \alpha[r_{t+1} + \gamma \max_{a'} Q(s_{t+1}, a') - Q(s_t, a_t)] \qquad (4.4)$$

可以看出,Q – 学习算法每次更新 $Q(s_t, a_t)$ 时,都是选择能使下一状态 s_{t+1} 的 Q 值

达到最大的动作 a',即贪婪动作,而与下一时刻实际所采用的动作 a_{t+1} 无关(下一时刻可能不采用贪婪动作),即 Q – 学习算法是"异策略(Off – policy)"的学习方式。这种特性极大地简化了算法的复杂度并能保证算法快速收敛。

2) Sarsa 算法

Sarsa 算法估计价值函数的方式如下:

$$Q(s_t,a_t) \leftarrow Q(s_t,a_t) + \alpha[r_{t+1} + \gamma Q(s_{t+1},a_{t+1}) - Q(s_t,a_t)] \quad (4.5)$$

因此,Sarsa 算法依据下一时刻状态 – 动作对 $\langle s_{t+1},a_{t+1}\rangle$ 的 Q 值更新当前时刻的 Q 值,是一种"同策略(On – policy)"的学习方式。

4.2.2 算法学习效率的优化

认知电子战对对抗系统的实时性要求很高,即要求干扰方能够面对特定的目标状态及时做出干扰动作响应。因此,学习效率是系统的一个重要的性能指标。本节在上述典型的 Q – 学习算法和 Sarsa 算法的基础上引入资格迹和间接强化学习,同时考虑将强化学习和人工神经网络模型相结合,以期提高算法的学习效率。

4.2.2.1 资格迹

传统的 Q – 学习算法和 Sarsa 算法都是"单步预测法",即都是用下一时刻的 Q 值更新当前时刻 Q 值的。自然地,我们可以用 n 步之后的累积回报值去估计当前价值函数。n 步累积回报的定义为

$$R_t^{(n)} = r_{t+1} + \gamma r_{t+2} + \cdots + \gamma^{n-1} r_{t+n} + \gamma^n Q(s_{t+n},a_{t+n}) \quad (4.6)$$

另外,还可以用任意多个 n 步累积回报的加权平均去估计价值函数。令参数 $\lambda \in (0,1)$,每一个 n 步累积回报的权重与 λ^{n-1} 成正比,即

$$R_t^\lambda = (1-\lambda)\sum_{n=1}^{\infty} \lambda^{n-1} R_t^{(n)} \quad (4.7)$$

可以看出,n 越大的回报值对应的权重越小,即离当前状态"越远"的累积回报值对当前 Q 值估计的贡献越小。

资格迹(Eligibility Trace)可以方便地从工程上实现上述思想。对于任一状态 s,其在时刻 t 时的资格迹定义为

$$e_t(s,a) = \begin{cases} \lambda\gamma e_{t-1}(s,a) + 1 & s=s_t, a=a_t \\ \lambda\gamma e_{t-1}(s,a) & \text{其他} \end{cases} \quad (4.8)$$

可以看出,每到达一个状态,所有状态的资格迹都以 $\lambda\gamma$ 的速率衰减,同时当前状态的资格迹加 1。上式被称为"累加迹",它记录了哪些状态是"近期"访问过的。

我们可以方便地将资格迹机制引入到 Q-学习算法和 Sarsa 算法中，下面首先介绍 Sarsa(λ)。

1) Sarsa(λ)算法

Sarsa(λ)算法[15]的操作流程如图 4.5 所示。

```
1. 初始化 Q 矩阵；
2. 对所有 $\langle s_t, a_t \rangle$, $e(s, a) = 0$；
3. 初始化初始状态 $s_t$；
4. 依据动作选择策略选择 $a_t$；
5. 迭代：
6. 实施动作 $a_t$，感知下一状态 $s_{t+1}$，并计算即时回报值 $r_{t+1}$；
7. 依据动作选择策略选择 $a_{t+1}$；
8. $\delta \leftarrow r_{t+1} + \gamma Q(s_{t+1}, a_{t+1}) - Q(s_t, a_t)$；
9. $e(s_t, a_t) \leftarrow e(s_t, a_t) + 1$；
10. 对所有 $s, a$：
11.     $Q(s, a) \leftarrow Q(s, a) + \alpha \delta e(s, a)$；
12.     $e(s, a) \leftarrow \lambda \gamma e(s, a)$；
13. $s_t \leftarrow s_{t+1}, a_t \leftarrow a_{t+1}$；
14. 直至收敛
```

图 4.5 Sarsa(λ)算法

在第 8 步，我们将公式(4.5)中的 $r_{t+1} + \gamma Q(s_{t+1}, a_{t+1}) - Q(s_t, a_t)$ 记为误差 δ，对于所有状态-动作对 $\langle s, a \rangle$，其 Q 值的增量为 $\alpha \delta e(s, a)$。每次迭代时，对所有状态-动作对 $\langle s, a \rangle$ 的 Q 值都进行更新，而不是只更新 $Q(s_t, a_t)$，因此引入资格迹会提升学习速率。

2) Q(λ)算法（图 4.6）

由于 Q-学习算法是异策略的，即 Agent 可能在下一时刻并没有选择用于更新当前 Q 值的贪婪动作。假设 Agent 在 $t+3$ 时刻没有选择贪婪动作，那么对于 $n \geq 3$ 的 n 步累积回报将失去与之前累积回报的联系，因此，将资格迹引入 Q-学习算法时具有一定的特殊性。

从 13 步、14 步可以看出，当 Agent 一直选择贪婪动作时，资格迹的更新方式与之前相同，一旦 Agent 没有选择贪婪动作，那么所有状态-动作对的资格迹都清零，相当于对其重新初始化。

4.2.2.2 间接强化学习

典型的 Q-学习算法和 Sarsa 算法都是直接依据与环境交互获得的"真实经验"来估计价值函数 Q 的，这种方式被称为直接强化学习。与之相应，间接强化学

1. 初始化 Q 矩阵；
2. 对所有 $\langle s_t, a_t \rangle$, $e(s,a) = 0$；
3. 初始化初始状态 s_t；
4. 依据动作选择策略选择 a_t；
5. 迭代：
6. 实施动作 a_t，感知下一状态 s_{t+1}，并计算即时回报值 r_{t+1}；
7. 依据动作选择策略选择 a_{t+1}；
8. $a^* \leftarrow \arg\max_b Q(s_{t+1}, b)$；
9. $\delta \leftarrow r_{t+1} + \gamma Q(s_{t+1}, a^*) - Q(s_t, a_t)$；
10. $e(s_t, a_t) \leftarrow e(s_t, a_t) + 1$；
11. 对所有 s, a：
12. $Q(s,a) \leftarrow Q(s,a) + \alpha \delta e(s,a)$；
13.   如果 $a_{t+1} = a^*$: $e(s,a) \leftarrow \lambda \gamma e(s,a)$；
14.   否则：$e(s,a) \leftarrow 0$；
15. $s_t \leftarrow s_{t+1}$, $a_t \leftarrow a_{t+1}$；
16. 直至收敛

图 4.6 $Q(\lambda)$ 算法

习是指 Agent 首先通过真实经验在线估计环境模型（包括状态转移情况、即时回报情况），然后再由此模型生成"模拟经验"来估计价值函数。

优先扫除算法（Prioritized Sweeping）[16]是典型的间接强化学习算法，该算法的基本思想是：①设置优先级队列 PQueue，在当前状态 s_t 的 Q 值发生变化时，首先由当前估计的环境模型找到 s_t 的前驱状态，并根据这些状态与 s_t 的 Q 值的差异程度赋予不同的优先级，放入队列 PQueue 中；②更新 PQueue 中最大优先级所对应的状态（假设为 s）的 Q 值，将 s 的优先级从 PQueue 中删除，然后再计算状态 s 的所有前驱状态的优先级并放入队列 PQueue 中；③再次更新 PQueue 中最大优先级所对应状态的 Q 值。该过程反复进行，直到队列 PQueue 为空。优先扫除算法的操作流程如图 4.7 所示：

4.2.2.3 与神经网络算法相结合

随着强化学习的日益发展，研究越来越深入，其缺陷和问题也就日渐显现出来，寻找一种更好的方式和算法来促进强化学习的发展和广泛应用是研究人员探讨和研究的重点。而神经网络模型具有其独特的泛化能力和存储能力，因此，将神经网络引入强化学习的研究中已经成为近年来的热点课题之一。

经过研究发现，神经网络的众多优点可以满足强化学习研究的需要。首先，由

第4章 基于认知的干扰策略优化

```
1. 对所有⟨s,a⟩,初始化 Q(s,a),Model(s,a);
2. 设 PQueue 为空队列;
3. 初始化初始状态 s_t;
4. 依据动作选择策略选择 a_t;
5. 迭代:
6. 实施动作 a_t,感知下一状态 s_{t+1},并计算即时回报值 r_{t+1};
7. 依据动作选择策略选择 a_{t+1};
8. Model(s_t,a_t)←s_{t+1},r_{t+1};
9. p←|r_{t+1}+γ max_{a'} Q(s_{t+1},a')−Q(s_t,a_t)|;
10. 如果 p>θ,将⟨s_t,a_t⟩以优先级 p 插入到 PQueue;
11. 当 PQueue 非空:
12.     <s,a>←PQueue 中的最高优先级;
13.     <s',r>←Model(s,a);
14.     Q(s,a)←Q(s,a)+α[r+γ max_{a'} Q(s',a')−Q(s,a)];
15.     对 s 的所有前驱 <s̄,ā>,迭代:
16.         r̄←Model(s̄,ā);
17.         p←|r̄+γ max_{a'} Q(s,a')−Q(s̄,ā)|;
18.         如果 p>θ,将 <s̄,ā> 以优先级 p 插入到 PQueue;
19. 直至收敛
```

图 4.7 优先扫除算法

于神经网络模仿人的大脑,采用自适应算法,使得 Agent 智能系统更能适应环境的变化;第二,神经网络具有较强的容错能力,这样可以根据对象的主要特征来进行较为精确的模式识别;第三,神经网络具有自学习、自组织和归纳的能力,不仅增强了 Agent 对不确定环境的处理能力,而且保证了强化学习算法的收敛性。

对于基于神经网络的强化学习的研究,主要集中在以下两个方面[17-19]:一是以强化学习系统为框架,将强化学习看作一个控制系统,通过神经网络对强化学习系统中输入等参量进行处理,优化强化学习行为;二是将强化学习算法中的 Q 值迭代思想引入神经网络的联接权值调整与修正中,特别是输出层权值的学习与优化,从而提高神经网络的逼近能力。本书 2.3.6 节所介绍的深度强化学习就是将深度神经网络模型与强化学习算法相结合的典型代表。

具体的研究成果中,陆鑫等[20]和林联明等[21]分别用 BP 神经网络模型解决了强化学习中连续状态空间的存储和查询问题。唐亮贵等[22]对强化学习的神经网络模型的收敛性进行了证明。尤树华等[23]则提出了基于模糊神经网络的 $Q(\lambda)$ 学习算法和基于 BP 神经网络的 Sarsa 算法。

4.2.3 应用举例

4.2.3.1 基于强化学习的雷达干扰样式决策

首先以雷达对抗为例,对认知电子对抗中基于强化学习的干扰样式决策进行仿真,并对仿真结果进行分析。

1)仿真设置

(1)雷达状态。本节以机载多功能阵列雷达作为目标雷达,设定其在空对空作战任务下的工作模式包括:非合作目标识别(s_1)、校准/AGC(s_2)、气象规避(s_3)、火炮测距(s_4)、空中数据链(s_5)、中重频(s_6),共6种状态。

(2)干扰样式。假设干扰机可选择的干扰样式共有6种,包括3种压制性干扰样式:噪声调幅干扰(a_1)、噪声调频干扰(a_2)、噪声调相干扰(a_3);3种欺骗性干扰样式:距离波门拖引(a_4)、速度波门拖引(a_5)、角度波门拖引(a_6)。

(3)状态转移矩阵。假设目标雷达在干扰作用下的状态转移矩阵如图4.8所示。

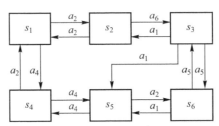

图4.8 雷达在干扰作用下的状态转移模型图

(4)干扰回报矩阵。本节假设即时干扰回报矩阵已知,如下所示:

$$\boldsymbol{R} = \begin{bmatrix} 0 & 0 & 0 & 28 & 0 & 0 \\ 0 & 0 & -25 & 0 & 0 & 0 \\ 0 & 25 & 0 & 0 & 0 & 26 \\ -28 & 0 & 0 & 0 & -53 & 0 \\ 0 & 0 & 0 & 53 & 0 & 26 \\ 0 & 0 & -26 & 0 & -26 & 0 \end{bmatrix}$$

它是对称矩阵,行和列均表示雷达状态,元素值为从行所对应的雷达状态转移到列所对应的雷达状态带来的即时干扰回报值。具体的干扰效果评估方法见第5章。

2)仿真结果及分析

强化学习算法收敛后,Q矩阵的值如图4.9所示。图中,横轴为雷达状态编号,纵轴为干扰样式编号。值越大,表明在当前时刻,对于相应的雷达状态,选择相应干扰样式带来的总体回报值越大。

算法收敛后,学习到的最优干扰策略如图 4.10 所示。

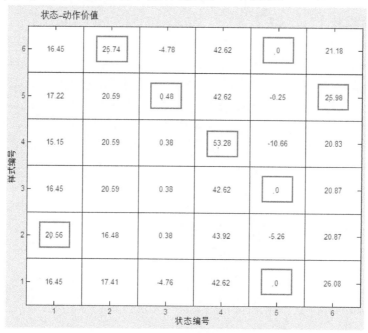

图 4.9　算法收敛后的 Q 矩阵的值

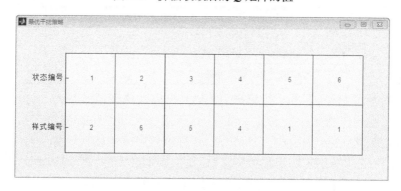

图 4.10　最优干扰策略

Q 矩阵中,每个状态所在列的最大值所对应的干扰样式编号即该状态的最优干扰样式,将其在图 4.9 中用方框标出(状态 s_5 有 3 种干扰样式均可达到最大值,随机选择一个即可),可以看出:最优干扰策略与 Q 矩阵具有一致性,即认知电子对抗系统总是会选择当前雷达状态下能使干扰延迟回报值最大的干扰样式。

4.2.3.2 采用强化学习实现最优通信干扰

本节以文献[24]为例,介绍强化学习在通信干扰决策中的应用。

1) 仿真设置

以 802.11 类无线网络为对抗目标,其中发射机与接收机使用请求发送-清除发送(RTS-CTS)握手机制来进行互相通信。环境的马尔科夫决策过程模型以交换的信息为基础,即将 t 时刻的环境状态定义为发射机与接收机在 t 时刻交换的数据包。表4.1给出了马尔科夫决策过程中可能的状态转换。

表4.1 马尔科夫决策过程模型状态转换

当前状态	状态转换条件	下一状态
RTS	包成功	CTS
	包未成功	WAIT
CTS	包成功	DATA
	包未成功	WAIT
DATA	包成功	WAIT
	包未成功	DATA
	到达重新传输限制	WAIT
ACK（确认）	包成功	WAIT
	包未成功	DATA
	到达重新传输限制	WAIT
WAIT	竞争窗口>0	WAIT
	竞争窗口=0,数据不可得	WAIT
	竞争窗口=0,数据可得	RTS

现在只考虑 MAC 层的干扰场景,假设干扰机知道干扰成功率 ρ,根据强化学习算法学习最优干扰策略。具体来讲,仿真采用强化学习中探索概率指数递减的探索-利用策略:在探索阶段,干扰机从16种可用策略中随机选择一种策略;在利用阶段,干扰机选择累积回报最大的策略。在选择某一策略时,干扰机会与环境交互1000次(一个时段)并积累回报,仿真共运行3000个时段。

2) 仿真结果及分析

图4.11比较了干扰机能够实时感知环境状态以及延迟一个时刻才能感知到环境状态转变的学习效果(通过探索-利用策略),同时也展示了简单干扰策略(如随机干扰、干扰所有状态以及不干扰任何状态)所获得的回报。从图中可以看出:①采用强化学习得到的最优策略效果远好于简单干扰策略;②由于延迟感知状态改变所获得的回报会有一定损失,利用延迟知识的平均回报略低于即时知识的

平均回报。

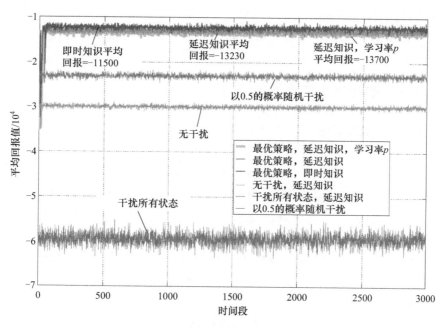

图 4.11　不同干扰策略获得的回报（见彩图）

表 4.2 给出了观察有延迟时采用强化学习中的探索 – 利用策略学得的最优干扰策略。从表中可以看出，通过探索 – 利用策略获得的最优策略与强化学习理论框架学到的最优策略相匹配。

表 4.2　强化学习得到的最优干扰策略

干扰成功率	最优策略（仿真）	最优策略（理论）
1	干扰 CTS	干扰 CTS
[0.4,1)	干扰 CTS 和 ACK	干扰 CTS 和 ACK
[0.2,0.4)	干扰 CTS	干扰 CTS
[0,0.2)	无干扰	无干扰

4.3　自适应的干扰波形优化

在认知电子战中，对抗目标的状态在不断发生改变，而且对抗环境中还可能随时出现新型威胁目标，因此，对抗系统不能一直采用固有的干扰样式，而应该根据外界环境的变化，不断优化干扰波形，从而形成灵活多变的干扰策略。

干扰波形优化的关键在于智能优化算法的开发应用,本节首先介绍遗传算法、模拟退火算法、粒子群算法这3种研究较为广泛的智能优化算法,然后对这些算法在波形优化设计中的应用做简单概述,最后给出3种算法在波形优化设计中的应用举例。

4.3.1 智能优化算法

4.3.1.1 遗传算法

1)概述

遗传算法(GA)是1975年由美国密歇根大学教授Holland等根据达尔文生物进化论中"优胜劣汰,适者生存"的思想和遗传学中生物进化的思想开创的一种全局搜索方法和理论[11]。遗传算法是从一个可能满足问题条件的集合(种群)开始,用染色体代表种群内的个体特征,用个体适应度(Fitness)和选择函数(Selection Function)对种群进行选择、淘汰并进行交叉(Crossover)、变异(Mutation)等操作,从而不断循环产生新的"更优"种群的过程。

2)数学描述

(1)染色体编码:染色体作为特征的描述方式,在一定意义上代表了问题的解。染色体编码是将特征进行编码表示,以使其在后续的变异、交叉中更易操作。常见的编码方式有:二进制编码,浮点数编码、变换编码等。

(2)适应度函数:适应度函数是遗传算法的选择标准,其代表着一个个体的好坏,即对所期望的解的趋近程度,其具体形式需要结合问题决定。

(3)选择函数:选择函数用来对种群进行选择、淘汰。适应度函数值越高,遗传到下一种群的概率越大;反之越小。一般常使用轮盘赌选择方法(Roulette Wheel Selection),即个体被选中的概率和适应度的大小成正比,一般表示成:$P_i = f_i / \sum f_j$,其中f_i表示第i个个体的适应度函数值。

(4)交叉算子:交叉算子是对两个相互配对的染色体依据交叉概率相互交换其部分基因,形成新的个体的运算符号。常用的交叉方式有:单交叉点法、双交叉点法、顺序交叉、循环交叉等。

(5)变异算子:变异是指依据变异概率将个体编码串中的某些基因值用其他基因值来替换,从而形成一个新的个体。实际操作中要适当选取变异概率的大小,过大则近似于随机搜索,降低了算法收敛的速度和效率,过小则降低了搜索能力。

3)基本流程

图4.12为遗传算法的基本流程。可以看出,标准遗传算法的运行过程是一个典型的迭代过程,其所要完成的工作内容和步骤有如下几个方面:

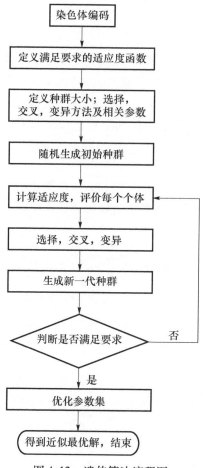

图 4.12 遗传算法流程图

（1）通过选择恰当的编码策略，将参数集合域转换为相应的位串结构空间；

（2）定义满足待解问题需求的适应度函数；

（3）确定所要选择的遗传策略，其中包括种群规模，选择、交叉、变异等方法，以及确定合适的遗传参数，包括交叉概率、变异概率等；

（4）随机生成初始种群；

（5）计算初始种群中个体适应度值；

（6）按照所确定的遗传算法策略，对种群进行选择、交叉、变异等操作，产生下一代种群；

（7）判断种群性能是否满足待解问题的要求，或者已经达到事先设定的进化代数，如满足则算法结束，若不满足则返回上一步，或者修改相应的遗传策略后再返回步骤（6）。

4.3.1.2 模拟退火算法

1)概述

模拟退火算法(SA)的思想来源于固体退火原理,将固体温度变为足够高后,再让它慢慢冷却下来,最后达到常温即稳定状态后,内能最小。1983年,Kirkpatrick 等将退火思想使用到组合优化领域中,通过以一定概率满足恶化解的方法,解决陷入局部最优以至于无法找到全局最优的问题[25]。之后,模拟退火算法成为解决全局最优化问题的通用概率化元启发式方法。

2)数学描述

模拟退火算法是通过概率跳变性,以一定概率允许解变差,即:对于函数 $f(\cdot)$ 的最小化问题,从当前解 I 转移到新解 J 的概率为

$$P_{IJ} = \begin{cases} 1 & f(I) \geqslant f(J) \\ \exp\left(\dfrac{f(I)-f(J)}{T}\right) & 其他 \end{cases} \quad (4.9)$$

式(4.9)被称为 Metropolis 准则。可以看出,模拟退火算法并不完全拒绝解的变差,从而使得函数可以有机会跳出局部最优解,并且随着时间的增长,通过动态调整温度参数 T,使得 P_{IJ} 在不断降低,即时间越长接受恶化解的概率越小。

3)基本流程

模拟退火算法的基本流程图如图4.13所示,具体过程如下。

(1)初始化:初始温度 T、初始解状态 S、迭代次数 L。

(2)令 $K=1$。

(3)对当前解 S 进行简单变换,产生新解 S'。

(4)计算增量 $\nabla T = C(S) - C(S')$,其中 $C(\cdot)$ 为评价函数。

(5)判断是否接受新解:若 $\nabla T > 0$ 则接受 S' 作为新的当前解;否则以概率 $\exp(\nabla T/T)$ 接受 S' 作为新的当前解。

(6)$K = K+1$,判断是否满足迭代次数:若 $K \leqslant L$,则转第(3)步;若 $K > L$,则转第(7)步。

(7)如果满足终止条件(例如连续若干个新解都没有被接受),则输出当前解为最优解,结束;否则转第(8)步。

(8)T 逐渐减小,且 $T \to 0$,然后转第(2)步。

4.3.1.3 粒子群优化算法

1)概述

粒子群优化算法(PSO)是美国社会心理学家 Kennedy 和电气工程师 Eberhart 于1995年共同提出的[26]。它是通过模拟"鸟群觅食"行为而提出的一种基于群体

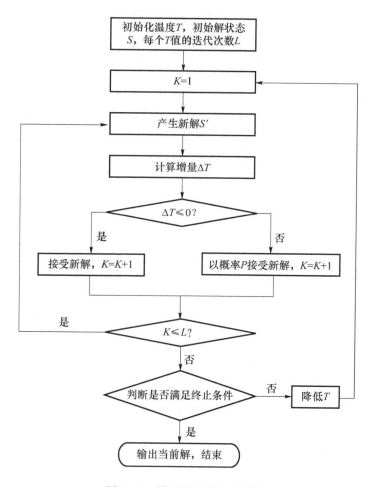

图 4.13　模拟退火算法流程图

智能的随机搜索算法。PSO 算法基于"种群"和"进化"的概念，通过个体间的协作与竞争，实现多维空间最优解的搜索。群体中每个个体都是在 n 维搜索空间（即解空间）中的一个粒子，每个粒子以一定的速度在解空间做随机运动，并向"个体最佳位置"和"群体最佳位置"靠近，从而实现对解的优化。PSO 算法的优点是：参数少易实现，同时对多维多峰问题均具有较强的全局搜索能力。

在粒子群优化算法中，每个粒子都是 n 维搜索空间中的一个点，即待求解问题的一个可能解。每个粒子都有自己的"位置"和"速度"。粒子的"位置"即粒子在搜索空间中的坐标，是一个 n 维向量；粒子的"速度"则决定粒子运动的方向和距离，也是一个 n 维向量。另外，每个粒子都有一个由"目标函数"决定的适应值，根据此适应值就可以判定每个粒子作为解的优良程度。每个粒子自身在搜索过程中所找到的最优解称为"个体极值";而整个粒子群找到的最优解称为"群体极值"。在粒子群算法的过程中,每个粒子通过这两个极值来更新自己的速度和位置,通过不断迭代而找到最终的最优解。

2)数学描述

由 N 个粒子组成的粒子群对 D 维空间进行搜索的数学描述如下:

第 i 个粒子表示为一个 D 维的向量 $X_i = (x_{i1}, x_{i2}, \cdots, x_{iD})(i = 1, 2, \cdots, N)$;第 i 个粒子的"飞行"速度也是一个 D 维的向量,记为 $V_i = (v_{i1}, v_{i2}, \cdots, v_{iD})$。然后根据目标函数 $f(x)$ 计算粒子的适应度 $\text{Fit}[i]$,适应度越大解越优良。

第 i 个粒子迄今为止搜索到的最优解称为个体极值,记为 $p_{\text{best}} = (p_{i1}, p_{i2}, \cdots, p_{iD})$。整个粒子群迄今为止搜索到的最优解为全局极值,记为 $g_{\text{best}} = (p_{g1}, p_{g2}, \cdots, p_{gD})$。在找到这两个最优解时,粒子根据如下两个公式来更新自己的速度和位置:

$$v_{id} = w \times v_{id} + c_1 r_1 (p_{id} - x_{id}) + c_2 r_2 (p_{gd} - x_{id}) \tag{4.10}$$

$$x_{id} = x_{id} + v_{id} \tag{4.11}$$

式中:w 是保持原来速度的权重系数,称为"惯性因子",它反映了粒子有维持自己之前速度的趋势;c_1 是粒子跟踪自己历史最优值的权重系数,它所在的这一项被称为"认知"部分,它反映了粒子对自身历史经验的记忆,反映了粒子有向自身历史最佳位置逼近的趋势;c_2 是粒子跟踪群体最优值的权重系数,它所在的这一项被称为"社会"部分,它表示粒子对整个群体知识的认识,反映了粒子有向群体历史最佳位置逼近的趋势,c_1 和 c_2 统称为学习因子,也称加速因子;r_1 和 r_2 是 $[0,1]$ 区间内均匀分布的随机数。v_{id} 是粒子的速度,取值范围在 $[-v_{\max}, v_{\max}]$ 之间,$v_{\max}$ 由用户设定,用来限制粒子的速度。

3)基本流程

粒子群优化算法的基本流程如图 4.14 所示,具体步骤如下。

(1)初始化粒子群,包括群体规模 N,每个粒子初始的位置 x_i 和速度 v_i;

(2)设定算法的相关参数,包括 $w, c_1, c_2, v_{\max}$;

(3)根据目标函数 $f(x)$ 计算每个粒子的适应度值 $\text{Fit}[i]$;

(4)对每个粒子,用它的适应度值 $\text{Fit}[i]$ 和个体极值 $p_{\text{best}}(i)$ 比较,如果 $\text{Fit}[i] > p_{\text{best}}(i)$,则用 $\text{Fit}[i]$ 作为 $p_{\text{best}}(i)$;

(5)对每个粒子,用它的适应度值 $\text{Fit}[i]$ 和全局极值 g_{best} 比较,如果 $\text{Fit}[i] > g_{\text{best}}$,则用 $\text{Fit}[i]$ 作为 g_{best};

(6)根据公式(4.10)和(4.11)更新粒子的速度 v_i 和位置 x_i;

(7)如果满足结束条件("到达最大迭代次数"或"误差连续 L 步小于设定的精度")则退出,否则返回步骤(2),继续迭代。

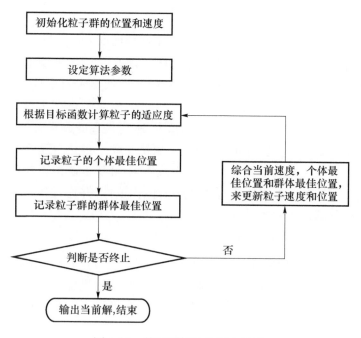

图 4.14　粒子群算法的基本流程

4.3.2　算法在波形优化设计中的应用

4.3.2.1　遗传算法

从遗传算法提出至今，人们对其进行了大量的改进研究，包括：初始种群的产生、选择、交叉、变异算子的改进、适应度函数的设计、种群的更新方式、遗传算法与其他优化算法的结合等方面。

在电子对抗领域，Nunez 等[27]将遗传算法应用于针对雷达距离跟踪的干扰波形设计中，解决了自卫式干扰机中距离波门拖引干扰波形的优化问题。Hong 等[28]以及 Townsend 等[29]进一步在通用雷达对抗仿真平台上验证了基于遗传算法的距离波门拖引干扰波形优化方法的有效性。在国内研究方面，陶海红等[30]研究了 M 序列的波形优化设计问题，利用梯度搜索和遗传算法相结合的混合遗传算法试图解决传统的优化方法由于运算量过大造成组合爆炸或陷入局部极值而无法找到最优解的问题。刘永贵等[31]将遗传算法与数字射频存储技术（DRFM）相结合，进行最优的数据处理以期获得最佳的干扰效果。

4.3.2.2　模拟退火算法

模拟退火算法因其独特的优化机制及其对问题信息依赖较少，通用性、灵活性较强而在优化领域得到了广泛的应用。

在波形优化方面,很多学术成果都集中于将模拟退火算法与遗传算法相结合,研究基于混合优化算法的最优波形设计问题。文献[32]将模拟退火算法和遗传算法进行优势互补,以试图缩小算法的搜索区域,增加算法的收敛速度,并在 M 序列波形优化设计的应用中得到了验证。文献[33]研究了正交多相码的波形优化问题,针对码长较长或信号个数比较多的情况,利用模拟退火算法和遗传算法的混合优化算法来搜索高适应度的正交多相码,解决了单一遗传算法由于初始种群数的规模致使运算量比较大的问题。而赵永波等[34]将基于遗传算法和模拟退火的混合算法用于离散频率编码线性调频波形的优化设计,并通过仿真结果表明了用该优化算法得到的信号的优异性能。

4.3.2.3 粒子群优化算法

粒子群优化算法比遗传算法的规则更为简单,没有遗传算法的"交叉"和"变异"操作,它通过追随当前搜索到的最优值来寻找全局最优。这种算法以其实现容易、精度高、收敛快等优点引起了学术界的重视,并且在解决实际问题中展示了其优越性。

在波形优化设计的应用中,Keshavarz 等[35]研究了超宽带无线通信信号中多个高斯脉冲信号的线性组合波形设计问题,利用粒子群优化算法对每个高斯脉冲的成形因子以及线性加权系数进行寻优。Ahmed 等[36]将粒子群优化算法应用于多输入多输出雷达(MIMO)的波束优化问题中,设计了关于波束协方差矩阵的带约束代价函数。Reddy 等[37]进一步研究了 MIMO 雷达的多相正交波形设计问题,对标准的粒子群优化算法进行了改进,将汉明扫描法(Hamming Scan)加入到优化过程中,以期提高算法收敛速度。另外,付庆的硕士学位论文[38]提出了一种基于局部粒子群算法的导航波形优化算法,并将其与拟牛顿法相结合,使得算法能更快速地找到设定条件下的最优波形,并通过仿真证明了此算法同时具有全局寻优能力强和收敛速度较快的特点。

4.3.3 举例仿真

4.3.3.1 仿真设置

1)问题描述

本节基于智能优化算法解决多个干扰激励源的合成干扰波形优化问题,仿真目标为多参数的波形优化干扰。

设任意 n 个目标的合成干扰信号可以表示为

$$f(t) = \sum_{i=1}^{n} f_i(t) = \sum_{i=1}^{n} A_i J_i(t) \cos[2\pi f_i t + \varphi_i(t)] + R(t) \quad (4.12)$$

式中:$f_i(t)$为干扰第i个目标的载频;$J_i(t)$和$\varphi_i(t)$分别为干扰的振幅和相位调制项;A_i为幅度系数。式中的$J_i(t)$、$\varphi_i(t)$、A_i均可进行优化调整。

2) 适应度函数

功率利用率是多目标干扰的指标,由于受功放动态范围的限制,它与干扰波形的时域特性即时域包络平坦度直接相关,此平坦度一般用波峰因子来衡量。利用DRFM技术产生激励波形的关键是如何控制合成信号的波峰因子。如果把合成信号直接送入功放进行放大,在峰值位置势必要超出功放的线性区而产生严重失真。为了避免失真,唯一的办法是减小输入信号。设功放在单信号输入时所允许的电平为A_0,n个信号(每个信号幅度均为A_0)合成以后的峰值电平为A_n,则必须把合成信号乘以因子$K = A_0/A_n$以后才能保证功放的输入信号不会超过A_0(称K为波峰因子)。

定义功率利用率为

$$\eta = \frac{\sum_{i=1}^{n} P_i}{P_0} = nK^2 = n \cdot \frac{A_0^2}{A_n^2} \quad (4.13)$$

由式(4.13)可知,欲使功率利用率η最大,就需使合成信号的峰值电平A_n最小,即式(4.12)中的$f(t)$在周期T内的最大峰值$f_{\max}$最小。

假设$n=5$,且固定$J_i(t)$和A_i,只考虑初相位$\varphi_i(t)$的不同组合对信号波形的影响。另外,不失一般性,设$f_1 = 1\text{Hz}, f_2 = 2\text{Hz}, \cdots, f_5 = 5\text{Hz}$,因此合成后的信号周期为1s。故优化问题的适应度函数为

$$f(\varphi_1, \varphi_2, \cdots, \varphi_5, t) = \max |\sum_{i=1}^{5} \cos(2\pi f_i t + \varphi_i)| \quad \varphi_i \in [0, 2\pi], t \in [0,1]$$
(4.14)

优化的目标函数即为求适应度函数的最小值,即适应度函数越小越好。

4.3.3.2 仿真结果及分析

对本书介绍的3种智能优化算法:遗传算法(GA)、模拟退火算法(SA)、粒子群优化算法分别进行仿真,算法收敛后,得到的最优解分别为:[0.22, 2.05, 2.22, 2.19, 0.14]、[3.50, 1.89, 0.27, 1.62, 4.11]、[4.59, 4.26, 3.80, 1.37, 3.93]。合成信号的波形如图4.15所示。可以看出,3种算法的合成波形有较大差异,这说明多参数优化是一种比较复杂的问题,单一的优化算法容易陷入不同的局部最优解。可以考虑综合多种算法,研究混合干扰波形优化方法。

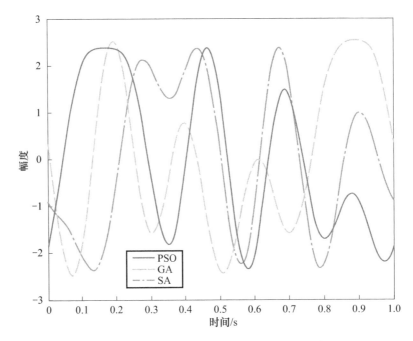

图 4.15 3 种优化算法的合成波形（见彩图）

进一步地，表 4.3 从算法收敛后的适应度函数值、迭代次数、运行时间 3 个方面给出了 3 种优化算法的性能。可以看出，遗传算法的迭代次数最短、运行时间最少，但目标函数的收敛值最大；模拟退火算法比另外两种算法的迭代次数和运行时间要多很多，这是因为模拟退火算法在试图寻找全局最优解。

表 4.3 3 种优化算法的性能比较

智能优化算法	函数收敛值	迭代次数	运行时间/s
遗传算法	2.52	51	0.11
模拟退火算法	2.38	7434	3.09
粒子群优化算法	2.37	102	0.13

4.4 干扰资源调度技术及其在认知电子战中的应用

本节主要介绍认知电子战中多目标对抗情况下的干扰资源调度技术，首先介绍差额法的基本概念和原理，然后介绍基于差额法的"一对一"干扰资源调度算法，并将其扩展为"多对多"调度算法，最后结合强化学习算法说明基于差额法的干扰资源调度在认知电子战中的应用。

4.4.1 差额法的概念和原理

多目标电子对抗中的干扰资源调度是一种典型的指派问题。求解指派问题,最常用的是匈牙利算法,但该方法在求解最大值的指派问题时,较为繁琐。文献[39]提出的差额法是对匈牙利算法的改进,原理相对简单,算法执行速度快,满足了认知电子对抗系统在干扰资源调度时需要迅速做出决策的要求。

差额法首先要求把工人完成任务的花费转化为花费矩阵 C,其中行为工人,列为任务,矩阵中的元素为该行所对应的工人完成该列任务所需要的花费 C_{ij},假设一项任务只需要一个工人完成且一个工人只能完成一项任务,即"一对一"原则,则花费矩阵 C 一定是方阵。这样该指派问题就转化成了在花费矩阵中按照"一对一"原则挑选元素,使得挑选出的元素之和最小,即总花费最小。

差额法的基本思想是在已知花费矩阵 C 的情况下,在每一行、每一列中将次小元素减去最小元素的差额列写出来,比较这些差额,在差额最大的行(或列)中优先选择最小元素。圈出该元素,并划去该元素所在行、列后,再在余下的差额最大的行、列中用以上方法继续寻找最小元素,直到每行(或每列)都有元素被圈出,得到初始解。之后经过最优解的判别和对初始解的改进,即可获得任务分配的最优解。

将差额法应用到干扰资源调度上需要对问题进行适当的转换。首先将工人-任务的花费矩阵转化为干扰机-辐射源干扰效能矩阵,将求取行列差额时用次小元素和最小元素做差转换为用最大元素和次大元素做差求取行列差额,之后将寻求总花费最小转换为寻求总干扰效能最大。将差额法从工人指派问题转换到干扰资源调度问题中所做的转换列表如表4.4所列。

表4.4 工人指派问题与干扰资源调度问题的对应关系

差额法应用领域	工人指派问题	干扰资源调度
初始矩阵	工人-任务花费矩阵	干扰机-辐射源干扰效能矩阵
差额的计算	次小元素与最小元素做减法	最大元素与次大元素做减法
目的	总花费最小	总干扰效能最大

4.4.2 "一对一"干扰资源调度算法

"一对一"对抗是实际电子对抗中"多对多"对抗情况的特例,由于其相比"多对多"的情况简单许多,并且能比较方便地推广到"多对多"的情况,所以本节先研究在干扰资源与目标辐射源数量"一对一"情况下的干扰资源调度算法。

假设干扰机数量与目标辐射源数量相等,并且一个干扰机只能干扰一部辐射源,一部辐射源也只能被一个干扰机干扰。由于差额法的计算是在已有的花费矩阵的基础上进行的,所以对应到干扰资源调度中,需要首先计算干扰效能矩阵,才能运用差额法进行干扰资源调度。干扰效能矩阵是对干扰措施达到的干扰效果的评估,具体评估方法见第5章,本节假设干扰效能矩阵已知。

差额法的具体思路为:在已有干扰效能矩阵的基础上,得到其每行每列的最大值与次大值的差额,选择其中差额最大的行或者列优先进行最大元素的选取,并将所选择的元素所在行、列以及其行列的差额值清零。再在余下的差额的最大行或列中选取其中最大元素。若两个或两个以上的同维差额相同,则随意选取一行或者一列中的最大元素。全部选取过后,得到初始解,之后进行最优解判别,再进一步优化已有的调度方案,直到得到最优解。

下面通过例子进行说明。

假设干扰机数量为3,辐射源数量也为3,它们所对应的干扰效能矩阵如下:

$$E = \begin{bmatrix} 0.5 & 0.9 & 0.5 \\ 0.1 & 0.6 & 0.5 \\ 0.3 & 0.7 & 0.4 \end{bmatrix}$$

式中:该矩阵的行代表干扰机,列代表辐射源,元素 E_{ij} 代表第 i 部干扰机干扰第 j 部辐射源的干扰效能评估值。

4.4.2.1 求初始解

(1)首先算出已有干扰效能评估矩阵各行各列的最大元素和次大元素的差值,分别写在每行的右边和每列的下边:

$$E = \begin{bmatrix} 0.5 & 0.9 & 0.5 \\ 0.1 & 0.6 & 0.5 \\ 0.3 & 0.7 & 0.4 \end{bmatrix} \begin{matrix} 行差额 \\ 0.4 \\ 0.1 \\ 0.3 \end{matrix}$$

列差额　0.2　0.2　0.0

(2)选出差额最大的行或者列,保留该行或者列的最大元素,将其所在行和列其他元素清零以及其所对应的行差值、列差值清零。得到新的干扰效能评估矩阵如下:

$$E = \begin{bmatrix} 0.0 & 0.9 & 0.0 \\ 0.1 & 0.0 & 0.5 \\ 0.3 & 0.0 & 0.4 \end{bmatrix} \begin{matrix} 行差额 \\ 0.0 \\ 0.1 \\ 0.3 \end{matrix}$$

列差额　0.2　0.0　0.0

(3)重复进行上一步骤,直到所有行差值和列差值全部清零。得到如下矩阵:

第4章 基于认知的干扰策略优化

$$E = \begin{bmatrix} 0.0 & 0.9 & 0.0 \\ 0.1 & 0.0 & 0.0 \\ 0.0 & 0.0 & 0.4 \end{bmatrix} \begin{matrix} 行差额 \\ 0.0 \\ 0.0 \\ 0.0 \end{matrix}$$

列差额　0.0　0.0　0.0

由此,获得了干扰资源调度的初始解,即1号干扰机干扰2号辐射源,2号干扰机干扰1号辐射源,3号干扰机干扰3号辐射源。这种调度方式的总的干扰效能评估值为每一个单独的干扰效能评估值的叠加,即

$$E_{总} = 0.9 + 0.4 + 0.1 = 1.4$$

4.4.2.2　最优解判别

上述步骤只能得到干扰资源调度的初始解,很多情况下并不是最优解。可用以下方法来判别最优解:用所求出的解中的某两个组成一个矩形的两个对角顶点,将这两个被选元素之和与另一对顶点上两个未选元素之和比较,若前者大,那么说明在被选元素所在的列和行没有改进的余地,如果每个可能的这样的矩形都不可改进,则初始解即为最优解。对于 n 阶系数矩阵来讲共需检验 $n(n-1)/2$ 个矩形。

下面进行最优解判别。取已选的两个元素0.9和0.1为对角的矩阵,即

$$\begin{bmatrix} 0.5 & 0.9 \\ 0.1 & 0.6 \end{bmatrix}$$

可知:$(0.9+0.1) < (0.5+0.6)$。

4.4.2.3　改进初始解

如果有两个被选元素之和比另一对顶点上两个未选元素之和小,则用顶点上两个未选元素代替目前被选的两个元素,形成新的调度方案。之后继续进行最优解判别以及解的改进。

我们将所选元素与另外一对角元素互换,得到矩阵如下:

$$E = \begin{bmatrix} 0.5 & 0.0 & 0.0 \\ 0.0 & 0.6 & 0.0 \\ 0.0 & 0.0 & 0.4 \end{bmatrix}$$

下面再重新进行最优解判定。取已选两个元素0.6和0.4为对角的矩阵,即

$$\begin{bmatrix} 0.6 & 0.5 \\ 0.7 & 0.4 \end{bmatrix}$$

可知 $(0.6+0.4)<(0.5+0.7)$,所以再次将所选元素与另外一对角元素互换,得到矩阵如下:

$$E = \begin{bmatrix} 0.5 & 0.0 & 0.0 \\ 0.0 & 0.0 & 0.5 \\ 0.0 & 0.7 & 0.0 \end{bmatrix}$$

此时,将最优解判定进行了3次都满足判定条件则结束最优解判定。得到的解为最优解,也就是最终的干扰资源调度结果。即1号干扰机干扰1号雷达,2号干扰机干扰3号雷达,3号干扰机干扰2号雷达。其总干扰效能值为

$$E_{总} = 0.7 + 0.5 + 0.5 = 1.7$$

由此可知,所得到的最优解的总干扰效能值大于初始解的总干扰效能值,说明最优解的判别是不可缺少的一个关键步骤。

4.4.3 "多对多"干扰资源调度算法

在实际的干扰资源调度中,并不希望有上述"一对一"干扰资源调度原则的限制,而是希望能够实现多个干扰机干扰多部辐射源的干扰资源调度策略,即实现"多对多"的调度。这就要求算法能够解决一个干扰机可以干扰多部辐射源,一部辐射源可以被多个干扰机干扰的问题。因此,需要对差额法进行改进。

4.4.3.1 对干扰效能矩阵的改进

差额法是基于已知干扰效能矩阵而进行的。为了能够实现"多对多"的干扰资源调度,首先要对已知的干扰效能矩阵进行改进。由于在"多对多"的情况下,干扰机数量与辐射源数量并不一定相等,所以列写出来的干扰效能矩阵也就不一定是方阵。因此,首先要做的就是将干扰效能矩阵补全为方阵。

当干扰机数量小于辐射源数量,即干扰效能矩阵行数小于列数时,要将干扰机数量补充到与辐射源数量一样多,使得干扰效能矩阵为一方阵。所补充的行的干扰效能评估值均为零;当干扰机数量大于辐射源数量时,即干扰效能矩阵行数大于列数时,不对干扰效能矩阵进行改进,而是对差额法本身进行改进。具体改进方法在下面会进行介绍。

之后,考虑到一个干扰机有可能会干扰多部辐射源的情况,要对补全后的干扰效能方阵进行进一步的改进:假设第 i 个干扰机可以干扰 k 部雷达($k<N$,N 为雷达总数),那么就先要将已有的干扰效能评估矩阵进行复制。复制的方法为:将干扰效能评估矩阵复制在原干扰效能评估矩阵下面,并将复制的矩阵中的第 i 行的干扰效能评估值保留,其他的干扰效能评估值清零。重复复制操作 $k-1$ 次。

如果有多个干扰机可以干扰多部辐射源,那么复制矩阵时则需要将相应的多个干扰机所对应的行保留,其他干扰效能评估值清零。复制矩阵的次数为干扰机所能干扰的辐射源个数。经过这样的改进后,即使干扰机在一次选取元素后,也可

以保留其对其他辐射源的干扰效能评估值。

为了更直观地说明干扰效能评估矩阵的改进方法，下面举例说明。

假设有 4 个干扰机，4 部辐射源。其中 1 号干扰机可以干扰 3 部辐射源，2 号干扰机可以干扰 2 部辐射源。原干扰效能评估矩阵为

$$E = \begin{bmatrix} 0.20 & 0.16 & 0.11 & 0.24 \\ 0.20 & 0.14 & 0.13 & 0.27 \\ 0.17 & 0.11 & 0.10 & 0.19 \\ 0.20 & 0.16 & 0.13 & 0.27 \end{bmatrix}$$

将原干扰效能评估矩阵改进为

$$E' = \begin{bmatrix} 0.20 & 0.16 & 0.11 & 0.24 \\ 0.20 & 0.14 & 0.13 & 0.27 \\ 0.17 & 0.11 & 0.10 & 0.19 \\ 0.20 & 0.16 & 0.13 & 0.27 \\ 0.20 & 0.16 & 0.11 & 0.24 \\ 0.20 & 0.14 & 0.13 & 0.27 \\ 0.00 & 0.00 & 0.00 & 0.00 \\ 0.00 & 0.00 & 0.00 & 0.00 \\ 0.20 & 0.16 & 0.11 & 0.24 \\ 0.00 & 0.00 & 0.00 & 0.00 \\ 0.00 & 0.00 & 0.00 & 0.00 \\ 0.00 & 0.00 & 0.00 & 0.00 \end{bmatrix}$$

4.4.3.2 对差额法的改进

在干扰效能评估矩阵改进完的基础上，每次选取完元素后，首先要记录所选元素相对应的干扰机号和辐射源号。在每部辐射源都有干扰机进行干扰后，要进行判断：能干扰多部辐射源的干扰机是否已被完全利用，将没用利用或没有完全利用的干扰机依据原有的干扰效能矩阵进行再分配，选取该干扰机所在行元素的最大值，确保干扰效果最大化。

在原有的差额法的进行过程中，遇到行或者列的差额相等的情况时是采取随意选择行或者列进行最大元素的选取的。为了达到总干扰效能评估值最大，需要对这一步进行改进。当遇到行或者列相等的情况时，要先比较两行或者列最大元素的大小关系，优先选择最大元素较小的行或者列进行元素选取。这样能够保证：当干扰机没有被利用或者没有被完全利用时，干扰机进行再分配的时候对行或者列选取的元素最大。

4.4.3.3 举例仿真

假设有4部辐射源和4部干扰机,其原始的干扰效能矩阵和改进后的干扰效能矩阵如上小节所示,通过基于差额法的干扰资源调度算法分析得到最后的干扰资源调度结果如表4.5所列。

表4.5 基于差额法的"多对多"干扰资源调度结果

干扰机号	辐射源号	干扰效能值
4	4	0.27
2	4	0.27
2	1	0.20
1	2	0.16
1	3	0.11
1	1	0.20
3	4	0.19

即1号干扰机干扰1、2、3号辐射源,2号干扰机干扰1、4号辐射源,3号干扰机干扰4号辐射源,4号干扰机干扰4号辐射源。

综上所述,基于差额法的干扰资源调度方法在基于一定的先验信息的情况下,能够快速地实现"多对多"干扰资源调度。

4.4.4 差额法在认知电子战中的应用

4.4.4.1 利用差额法初始化强化学习算法

基于差额法的干扰资源调度技术较为依赖于先验信息,而4.2.1.3节介绍的Q-学习算法和Sarsa算法都是不需要先验信息就可以自主适应环境的强化学习算法。在实际的电子对抗过程中,如果将差额法和强化学习算法加以结合,使得认知电子对抗系统既能够保证充分利用已知的先验信息,又具有自主地适应环境的能力,这样能够使得系统有更好的性能。

基于差额法的干扰资源调度算法,首先需要根据一定的先验信息和实测数据构造干扰效能矩阵,之后再进行干扰资源调度。基于差额法对强化学习算法进行初始化时,也需要先构造矩阵,具体步骤如下。

(1) 构造干扰效能矩阵:行为现有干扰资源,列为目标辐射源,根据先验信息算出干扰效能评估矩阵 E;

(2) 根据"多对多"情况下的改进差额法寻找最优的资源分配方式,即当前状态 S_{R_t} 下的最优动作集 a_{jam},a_{jam} 即包括了所有干扰机对应干扰的辐射源信息。将它

们相应的干扰效能值相加,就可以得到总的先验干扰效能值 $E_{总}$;

(3)根据此分配结果,将对应的 Q 值进行初始化,即将 $Q(S_{R_t}, a_{jam})$ 初始化为 $E_{总}$,其余 Q 值初始化为 0。

基于差额法进行 Q 值初始化的强化学习算法的流程图如图 4.16 所示。

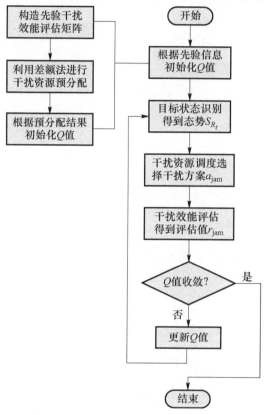

图 4.16　基于差额法进行 Q 值初始化的强化学习算法流程图

4.4.4.2　举例仿真

本节对利用差额法进行强化学习 Q 值初始化的过程进行仿真。

假设有两部辐射源和两部干扰机,对抗环境一共有 4 种状态,分别为 $S_i(i=1,2,3,4)$,状态转换关系如图 4.17 所示。

其中 $a_j(j=1,2)$ 为状态转换之间所需的干扰方案。定义 1 号干扰机干扰 1 号辐射源,2 号干扰机干扰 2 号辐射源为干扰方案 1;1 号干扰机干扰 2 号辐射源,2 号干扰机干扰 1 号辐射源为干扰方案 2。

假设环境从状态 S_2 转移到 S_4 时会得到环境的正反馈 $r_{24}=12$;从 S_3 转移到 S_4

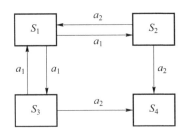

图 4.17 对抗环境的状态转移模型

时会得到环境的正反馈 $r_{34}=11$;其余情况 r 均为 0。

依据先验知识,获得在 S_1 状态下的干扰效能矩阵:

$$E_{S_1}=\begin{bmatrix} 8 & 9 \\ 1 & 8 \end{bmatrix}$$

通过差额法可以得到:在 S_1 状态时,方案 1 为最优干扰方案,干扰效能值为:$8+8=16$。

下面对 Q – 学习算法进行仿真,设折扣常数 γ 为 0.5,规定其 Q 值的变化小于 10^{-7} 时为 Q 值收敛。

1)不利用先验信息

将 Q 值均初始化为 0,进行仿真,得到结果:系统收敛所用时间为 0.80s;最终非零 Q 值的收敛结果如表 4.6 所列。

表 4.6 不利用先验信息时的 Q 值收敛结果

Q 值	$Q(S_1,a_1)$	$Q(S_2,a_2)$	$Q(S_3,a_1)$	$Q(S_3,a_2)$
收敛值	5.75	7.5	3.0	11.0

2)利用差额法进行 Q 值初始化

在初始化 Q 值时,将 $Q(S_1,a_1)$ 初始化为 16,其余 Q 值初始化为 0。仿真结果:系统收敛所用时间为 0.76s;得到的 Q 值的收敛结果与表 4.6 相同。

因此,利用差额法对 Q 值进行初始化后,使得 Q – 学习算法的收敛速度更快且收敛结果相同。

假设如果能够获得更多的环境状态的先验信息,例如又分别获得了 S_2 和 S_3 状态下的干扰效能矩阵

$$E_{S_2}=\begin{bmatrix} 5 & 7 \\ 5 & 4 \end{bmatrix}, E_{S_3}=\begin{bmatrix} 2 & 5 \\ 6 & 1 \end{bmatrix}$$

通过差额法可以得到:在 S_2 和 S_3 状态时,方案 2 均为最优干扰方案,干扰效能值分别为 $7+5=12$ 和 $5+6=11$。

因此,将 $Q(S_2,a_2)$ 初始化为 12,$Q(S_3,a_2)$ 初始化为 11,其余 Q 值初始化为 0。

仿真结果:系统收敛所用时间为 0.17s,得到的 Q 值的收敛结果与表 4.6 相同。

由此可知,获得先验信息越多,基于差额法进行初始化的 Q-学习算法的收敛速度越快,性能越好。

4.5 本章小结

干扰样式决策、干扰波形优化以及干扰资源调度是认知电子对抗系统"智能性"的集中体现。本章针对传统干扰波形生成技术的局限,利用人工智能理论中的强化学习技术进行智能化的干扰样式决策,强化学习的结果是使得干扰方能针对对抗目标的不同状态建立一套最优的干扰策略,本章同时给出了提升算法学习效率的思路,并通过仿真实例进行验证。对于干扰波形优化,本章对 3 种常用的智能寻优算法的基本原理及其在波形优化中的应用进行了介绍,并通过仿真实例说明 3 种算法在多参数波形优化中的性能,但将这些干扰波形优化方法应用于实际的认知电子战还有相当的难度,其主要难点在于如何根据对抗目标的状态变化自主地构建优化目标函数。本章最后通过差额法对"多对多"对抗中的干扰资源调度技术进行了介绍,并提出可以将差额法与强化学习算法相结合,以提升对抗系统的效率。

参考文献

[1] 李瑞. DJS 欺骗干扰波形的快速生成技术研究[D]. 西安:西安电子科技大学,2010.
[2] 肖迎. 多路 DJS 射频噪声干扰波形合成技术研究[D]. 西安:西安电子科技大学,2014.
[3] 韩轲. DJS 压制干扰波形的快速生成技术研究[D]. 西安:西安电子科技大学,2011.
[4] 陆汝瑶,余吕盛. 8 比特幅度量化 DRFM 的设计与应用[J]. 航天电子对抗,1999,3:59-61.
[5] 王玉军. 线性调频雷达干扰新技术及数字干扰合成研究[D]. 西安:西安电子科技大学,2007.
[6] Sutton R S, Barto A G. Reinforcement learning: an introduction [M]. Cambridge: MIT Press, 2005.
[7] Bellman R E. Dynamic programming [M]. Princeton: Princeton University Press, 1957.
[8] Michie D, Chambers R A. BOXES: an experiment in adaptive control [M]// Machine Intelligence 2. Edinburgh Scotland: Oliver and Boyd, 1968:137-152.
[9] Samuel A L. Some studies in machine learning using the game of checkers [J]. IBM Journal on Research and Development, 1959:210-229.
[10] Klopf A H. Brain function and adaptive systems: a heterostatic theory [R]. Bedford: Air Force Cambridge Research Laboratories, 1972.

[11] Holland J H. Adaption in natural and artificial systems[M]. Ann Arbor:University of Michigan Press,1975.

[12] Sutton R S. Learning to predict by the method of temporal differences[J]. Machine Learning,1988,3(1):9 – 44.

[13] Watkins C. Learning from delayed rewards[D]. Cambridge,England:Cambridge University,1989.

[14] Rummery G A. Problem solving with reinforcement learning[D]. Cambridge,England:Cambridge University,1995.

[15] Rummery G A,Niranjan M. On-line q-learning using connectionist systems[R]. Cambridge University Engineering Department,1994.

[16] Moore J W,Atkeson C G. Prioritized sweeping:reinforcement learning with less data and less real time[J]. Machine Learning,1993,13:103 – 130.

[17] Kaelbling L P,Littman M L,Moore A W. Reinforcement learning:a survey[J]. Journal of Artificial Intelligence Research,1996,4:237 – 285.

[18] Yu Z,Guo-chang G,Ru-bo Z. Survey of distributed reinforcement learning algorithms in multi-agent systems[J]. Control Theory & Applications,2003,20(3): 317 – 322.

[19] Yang G,Shi-fu C,Xin L. Research on reinforcement learning technology:a review[J]. ACTA Automatica Sinica,2004,30(1):86 – 100.

[20] 陆鑫,高阳,李宁,等. 基于神经网络的强化学习算法研究[J]. 计算机研究与发展,2002,39(8):981 – 985.

[21] 林联明,王浩,王一雄. 基于神经网络的 Sarsa 强化学习算法[J]. 计算机技术与发展,2006,16(1):30 – 32.

[22] 唐亮贵,刘波,唐灿,等. 基于神经网络的 Agent 强化学习模型[J]. 计算机科学,2007,34(11):156 – 158,297.

[23] 尤树华,周谊成,王辉. 基于神经网络的强化学习研究概述[J]. 电脑知识与技术,2012,8(28):6782 – 6786.

[24] Amuru S,Buehrer R M. Optimal jamming using delayed learning[C]// Military Communications Conference,October 6 – 8,2014,Baltimore,Maryland,USA. New Jersey:IEEE,c2014:1528 – 1533.

[25] Kirkpatrick S,Gelatt C D,Vecchi M P. Optimization by simulated annealing[J]. Science,1983,220(4598):671 – 680.

[26] Kennedy J,Eberhart R. Particle swarm optimization[C]// International Conference on Neural Networks,November 27 – December 1,1995,The University of Western Australia,Perth,Western Australia. New Jersey:IEEE,c1995:942 – 1948.

[27] Nunez A S,Marshall P T,McGrath M,et al. ECM techniques generator[C]//Modeling and Simulation for Military Applications,May 5,2006. SPIE Press.

[28] Hong S,Saville M A,Simpson C,et al. Investigation on genetic algorithm for countermeasure

technique generator[C]// Conference on signals, systems and electronics, July 02 – 04,2007, Banff, Alberta, Canada. New Jersey:IEEE,c2007:351 – 354.

[29] Townsend J, Saville M A, Hong S, et al. Waveform optimization for electronic countermeasure technique generation[C]//IEEE Radar Conference, May 26 – 30, 2008, Rome, Italy, New Jersey:IEEE,c2008:1 – 6.

[30] 陶海红,廖桂生,王伶. 基于混合遗传算法的 m 序列波形优化设计[J]. 电波科学学报,2004,19(3):253 – 257.

[31] 刘永贵,胡国平. 基于 DRFM 的遗传算法干扰技术研究[J]. 无线电工程,2009,39(6):31 – 33.

[32] 赵红涛. 基于混合遗传模拟退火算法的 m 序列波形优化设计[J]. 雷达与对抗,2008,1:47 – 51.

[33] 周畅. 基于混合遗传算法的正交多相码波形优化设计[D]. 西安:西安电子科技大学,2011.

[34] 赵永波,李慧,覃春淼. 基于 GASA 算法的 DFCW – LFM 波形设计[J]. 系统工程与电子技术,2014,36(11):2186 – 2191.

[35] Keshavarz S N, Hamidi M, Khoshbin H. A PSO-based UWB pulse waveform design method[C]//International Conference on Computer and Network Technology, April 23 – 25,2010,Thailand. New Jersey:IEEE,c2010:249 – 253.

[36] Ahmed S, Thompson J S, Mulgrew B. MIMO-Radar waveform design for beampattern using particle-swarm-optimisation[C]// Workshop on Radar and Sonar Network, December, 2012, Anaheim, CA. New Jersey:IEEE,c2012:6381 – 6385.

[37] Reddy B R, Kumari M U. Polyphase orthogonal waveform using modified particle swarm optimization algorithm for MIMO radar[C]// International Conference on Signal Processing, Computing & Control, March 15 – 17,2012,Solan,HP,India. New Jersey:IEEE,c2012:1 – 6.

[38] 付庆. 基于粒子群算法的导航波形设计与优化[D]. 武汉:华中科技大学,2013.

[39] 周素琴. 指派问题的新算法[J]. 上海师范大学学报,1997,26(2):38 – 41.

第 5 章

干扰效果的在线评估

在电子对抗领域,干扰效果是指电子对抗装备实施电子干扰后,对被干扰对象(例如雷达、通信设备等)所产生的干扰、损伤或破坏效应。针对干扰效果评估,国内、外开展了大量的研究工作,并根据干扰样式和被干扰对象种类,提出了各种干扰效果评估准则,如功率准则、概率准则、效率准则等[1-3]。但是这些评估准则基本上都是基于相对完备的被干扰对象数据来度量和评价干扰效果,将有干扰和无干扰条件下被干扰对象的某些技术战术(简称"技战术")性能指标变化量作为评估指标,例如雷达接收机输入端的信干比、雷达最大探测距离、雷达探测区域、探测精度、发现概率等[4-5]。虽然利用被干扰对象的关键技战术指标的变化情况来度量干扰效果的这种方式非常直观,但是由于需要被干扰对象的完备数据进行统计计算,所以这种干扰效果评估方法只适用于干扰装备性能测试、干扰装备定型试验等非作战场合,此时被干扰对象具有配合的属性,干扰效果评估指标或评估所需要的数据可以从被干扰对象处直接获得。目前干扰效果评估方法基本都属于事后评估,即在电子对抗过程中,全程记录威胁对象的屏显、电子战的记录数据、战场双方态势及各平台空间运动信息,然后由专业人员以时间为基准,综合对比分析所有记录数据和屏幕录像资料,以此判断电子干扰策略的有效性[6-7]。

在实际作战中,由于被干扰对象不具有配合的属性,干扰方无法直接从被干扰对象处获取上述干扰效果评估指标或评估所需要的完备数据,也不可能从威胁对象处直接观测到干扰效果,因此这种基于被干扰方的干扰效果评估方法并不可用。对于认知电子战系统来说,其最重要的能力是战场能够实时对抗新的或未知威胁信号。当面对的威胁信号复杂多变,要实现实时有效对抗,干扰方必须具备干扰效果在线评估能力,根据评估结果动态调整干扰策略,达到实时、有效地智能干扰。这种干扰效果实时反馈机制的引入,是保证认知电子战系统对新的或未知威胁信号快速、有效对抗的关键技术之一。由于不可能从被干扰方直接观测到对抗效果,因此探索干扰效果在线评估创新方法尤为重要。

5.1 干扰效果在线评估的基本思路

在真实的敌我双方对抗过程中,想获取敌方电子系统的记录数据几乎不可能,只能间接地根据干扰前后侦察设备实时侦收的被干扰方信号在时间、空间、频谱、能量等域的变化情况,并结合我方电子战知识与经验,以及战前对敌方电子信息装备掌握的情报数据等综合判断其可能的干扰效果[8],这是作战应用层面干扰效果评估的可行途径。

对于认知电子战系统来说,新型的雷达和通信系统功能模式多样、信号复杂多变,能够随作战任务、环境的改变在多种工作模式或工作状态间转换。干扰效果作为环境变化的一个重要因素,相应地也就反映到了雷达和通信系统工作模式或工作状态的变化中。因而干扰方可根据接收到的威胁信号变化规律,快速识别威胁对象工作模式及工作状态的变化,分析产生变化的因素从而评估施加干扰的效果。这即是认知电子战系统干扰效果在线评估的基本思想。

建立威胁对象工作状态(及工作模式)变化和干扰效果之间的映射关系,是干扰效果在线评估的有力依据。因此,研究威胁对象与干扰之间的相互影响关系尤为重要,即分析电子信息系统在遭受干扰后可能采取的措施,或出现的行为变化,以及因为采取相关措施或出现变化后干扰方侦察到的威胁对象信号的相应改变。

以雷达对抗为例,雷达方在遭受干扰后可能采取的措施主要包括以下两个方面:一是雷达方采取抗干扰措施。比如选用不同的雷达工作频率、不同的信号调制类型或雷达关机等,这些抗干扰措施势必反映到干扰方侦收的雷达信号上来,相应的可能是雷达的接收信号频率、脉内调制参数或功率等参数发生了相对明显的变化。二是雷达工作状态和模式的改变。例如对于相控阵雷达来说,遮盖性干扰和欺骗性干扰都可能会影响到雷达对信号的检测和跟踪,也就相应地会影响相控阵雷达的工作状态。当雷达处于目标搜索状态时,有效干扰会遮盖目标信号,或产生假目标信号以假乱真,使雷达不能正确检测到真正的目标,因此雷达仍会处于搜索状态或对假目标进行确认和跟踪。当雷达处于跟踪状态时,有效干扰会迫使雷达对目标区域进行重照,如果仍发现不了信号,则雷达会转入搜索状态进行重新搜索。另外,多数情况下由于工作模式的不同,雷达所采用的信号形式也有很大差别,主要体现在脉冲重复频率、脉宽、信号带宽、功率等参数上。

通过检测干扰前后威胁目标的行为变化,根据变化和干扰之间的映射关系,在此基础上建立干扰效果评估指标,通过选取合适的评估模型,认知电子战系统可实现干扰效果的在线评估。

5.2 干扰效果在线评估的基本流程

在电子对抗领域,干扰效能评估一直以来都是科研人员争论却又难以解决的焦点,其实现主要分为两步,一是指标体系的建立,二是评估方法的选择。

为了更好地对认知电子战系统进行干扰有效性评估,建立科学的干扰效果评估实现步骤是不可或缺的,可以分为以下几个环节,如图5.1所示。

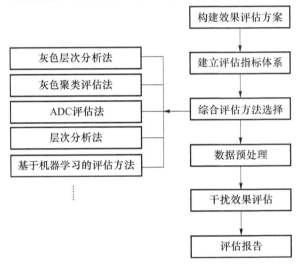

图5.1 干扰效果评估实现步骤

(1) 构建干扰效果评估方案;

(2) 根据方案,建立认知电子战系统的干扰效果评估指标体系;

(3) 分析干扰效果评估指标体系内的各指标对系统效能的影响,并确定各指标权重;

(4) 选择适当的综合评估方法,定量计算得到系统评估值,验证结果正确性,对干扰效果做出综合评价。

明确了干扰效果评估的基本步骤,接下来的第一步工作就是构建效果评估方案。

干扰效果评估系统通过比较实施干扰前后威胁信号的变化信息,结合与干扰样式和策略相关的评估方法及先验知识,对干扰效果进行实时评估[9]。例如,雷达对抗系统,当目标雷达处于跟踪状态时,利用欺骗干扰将其拖引到假目标位置,使其偏离原来方向,此时利用指向的变化很容易判断当前实施的欺骗干扰是否有效;又如,当目标雷达同样处于跟踪状态时,利用压制或灵巧干扰,使其从跟踪锁定状态转换到目标重新获取状态,从这个状态的转换可以有效地判别干扰实施的效果。简要的干扰效果评估方案如图 5.2 所示(以雷达对抗为例)。

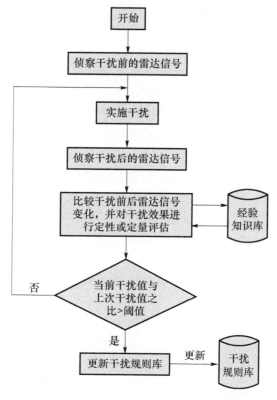

图 5.2　干扰效果评估方案(以雷达对抗为例)

根据干扰效果评估方案,重点研究威胁对象发射参数变化与其工作状态的内部关联关系,进而通过比较干扰前后威胁信号的变化确定干扰效果。

5.3　干扰效果在线评估的指标体系

开展干扰效果在线评估研究,最重要的一点是基于可侦察信息,而侦察的威胁信号参数多数与雷达或通信系统的工作状态相关联,这种关系异常复杂而且不明显,所以导致研究发展缓慢[10]。

建立干扰效果评估指标体系,需要运用系统分析的方法,从系统总体的内部关联出发,分析系统的各种功能与发射参数的映射关系,系统状态转移关系,以及系统工作准则。在充分获取雷达或通信系统相关信息的基础上,再建立干扰效果评估指标体系[10]。

对于认知电子战系统的干扰效果评估,影响评估结果的因素很多,不可能在评估中全部体现;除此以外,有些因素随机性很强,有些因素不容易定量分析,往往需要评估者在定性分析的基础上,选择合适的度量尺度。因此,建立干扰效果评估指标体系时,需要综合考虑以下几点准则。

(1)系统性原则:能够直接由指标体系体现出待评估系统的综合特征。

(2)简明性原则:以满足效果评估要求为前提,去芜存精,去除对干扰效果影响极小的指标,保留影响程度较大的指标,减小综合评估难度。

(3)客观性原则:指标的选取需要紧密贴合待评估系统,并明确各个指标所代表的实际意义。

(4)时效性原则:对指标的选取应当随着用户对系统需求的变化而改变。

(5)可测性原则:所选的指标应当具有可定量描述的特性,对不可定量分析的指标可以选择一些主观度量的方式去描述。

(6)完备性原则:指标的选取尽量全面广泛,使得指标体系能够清晰刻画整个待评估系统的能力。

(7)独立性原则:各指标间不应该存在包含关系,在选取中尽量减少指标间的相互影响。

(8)一致性原则:待评估系统的效果目标与各个指标的关系应当明确、一致。

值得一提的是,在按照上述原则建立干扰效果评估指标体系时,不可避免会出现一定的矛盾。此时,需要充分考虑评估指标体系在评估过程中有效性的前提下,对指标体系做出适当的调整。例如,当评估指标的完备性原则和简明性原则相互矛盾时,应当去掉一些影响因素小的指标,尽量减少评估指标数,使评估简便易于执行。

选择评估指标同样要注重把握以下几点:一是指标尽量能反映出威胁对象受干扰后所做出的反应;二是指标尽量不受干扰机和威胁对象的方位、距离的影响;三是威胁对象在采取抗干扰措施或改变工作方式后,信号参数在传输过程中受环境的影响较小。

由于描述雷达和通信系统的信号特征参数并不相同,对应的干扰评估指标也不相同,本书重点以雷达作为威胁对象进行进一步的讨论。

雷达信号的载波频率、脉冲重频、PRI、波束指向、天线扫描方式和雷达工作模式等,以及根据这些参数分析出来的规律都能满足指标选择的原则[11]。可以根据侦收脉冲流信号的参数变化来分析研究干扰效果评估问题。例如地空导弹武器系统(SAM)的目标指示雷达或跟踪制导雷达,自卫干扰的目的是降低平台的威胁程度。对于自卫干扰平台来说,跟踪状态威胁最大,说明这时SAM已经处于即将发射或已经发射导弹的状态；其次是目标搜索状态，SAM 在目标搜索时虽然对干扰平台构成了一定的威胁，但还不至于立刻遭受导弹的打击；另外当雷达遭到干扰而采取抗干扰措施时，因为抗干扰措施多达几百种，干扰方要确切知道所采用的抗干扰技术是非常困难的，自卫干扰往往采用有源压制干扰或有源欺骗干扰，对于有源干扰来说，雷达方首选的应该是战术改频，干扰机接收端能检测到其信号参数的变化；最后就是雷达被迫关机，此时侦察机将无法收到该雷达的信号。

雷达对抗手段包括硬杀伤和软杀伤两方面，本书主要讨论软杀伤。雷达对抗系统执行任务的目的是削减雷达系统工作性能，甚至迫使其无法正常工作[12]。在建立认知雷达对抗系统干扰效果评估指标体系时，可分为三个层次：第一层次为目标层（最高层、决策层）即干扰的有效性；第二层次为准则层，包括雷达关机、雷达工作模式切换，以及空域变化特性、时域变化特性、频域变化特性；第三层次为每一准则层下对应的具体评估指标[13]。

可以将干扰效果作为评估体系的顶层。依据雷达行为特征分析与辨识结果，从性能指标出发，分析并得到如下基于干扰方的雷达干扰效果评估的 5 个二级指标：雷达关机、雷达工作模式切换、空域干扰效果、频域干扰效果以及时域干扰效果。每一个二级指标下对应三级评估指标[13]。认知雷达对抗系统干扰效果评估指标体系如图 5.3 所示。

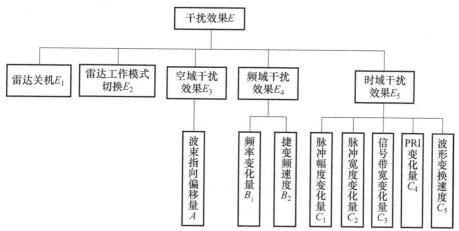

图 5.3　干扰效果评估指标体系

其中，各个二级指标的表征方式如下：

（1）雷达关机：干扰功率过大，会导致雷达接收机饱和以至于无法工作而关机，此时侦察不到雷达信号，同时也将雷达性能削减至无，效果最佳。

（2）雷达工作模式切换：雷达因干扰存在其工作模式可能会切换，在干扰理想且有效情况下，雷达将会长期处于搜索状态。因此，根据上面对雷达工作模式特征的分析以及工作模式的转换关系,雷达长期处于搜索或者工作模式向搜索方向切换代表干扰有效;如果工作模式向跟踪或制导方向切换则代表干扰无效。

(3) 空域干扰效果:对于自适应雷达系统而言,受到干扰后可采用副瓣对消、副瓣匿影等抗干扰措施,此类抗干扰措施不易被侦察识别;自适应雷达波束指向在欺骗干扰有效的情况下将会偏离实际目标,波束指向变化极易侦察。因此,空域以波束指向偏移量以及天线扫描方式为评估参数,波束指向偏移量越大说明干扰效果越好。

(4) 频域干扰效果:对于自适应雷达系统而言,受到干扰后首先采用的基本都是频率捷变技术,频率变化很容易被侦察。因此,频域干扰效果以频率变化量以及捷变频速度为评估参数,频率变化量越大干扰效果越好,捷变频速度越快干扰效果越好。

(5) 时域干扰效果:对于自适应雷达系统而言,受到干扰后造成环境变化,导致其设计的波形不再适应新环境而辐射新的适应波形,时域参数变化同样容易被侦察。因此,时域干扰效果以脉冲幅度变化量、脉冲宽度变化量、信号带宽变化量、PRI变化量以及波形变换速度为评估参数。从波形参数所固有的能力出发,脉冲宽度一定情况下,脉冲幅度越大,辐射功率潜在能力越大,所以脉冲幅度在干扰到来后增长,说明干扰迫使其增大发射功率才能完成雷达任务,认为干扰有效;相反,在干扰到来后,脉冲幅度无变化甚至减小,说明干扰对雷达接收机信干比无影响。峰值功率与带宽一定情况下,脉冲宽度越宽,雷达辐射信号时间越长,辐射功率越大,探测距离越远,但导致距离分辨力降低;如果施加干扰后,脉宽变宽,说明干扰对雷达接收机信干比产生影响,干扰有效。峰值功率与脉宽一定情况下,带宽越宽,压缩比越大,雷达分辨力越高;如果干扰到来后,带宽变宽,说明干扰对雷达分辨目标产生了影响,认为干扰有效。波束驻留时间一定且不考虑距离模糊情况下,PRI越小,辐射的脉冲越多,脉冲积累的能力越强,探测能力越强;如果干扰到来后,PRI变小,说明干扰对雷达接收机信干比产生了影响,干扰有效。波形变换速度越快,导致同一波形能够积累的时间越短,且在波形变换工程中耗费了不少的雷达资源,因此干扰越有效[13]。

干扰效果评估指标体系建立完成后,需要选用适当的干扰效果综合评估方法,以实现对系统的综合评估。可以借鉴电子战干扰效果评估的经典方法。

5.4 干扰效果综合评估方法

5.4.1 层次分析法

层次分析法(AHP)是20世纪70年代由美国著名运筹学家萨蒂(Saaty)最早

提出的一种简便、灵活而又实用的多因素评价决策法[14]。由于 AHP 在解决多因素决策问题方面具有比其他方法更简便实用的特点,因而被广泛采用。层次分析法是一种定性分析与定量分析相结合、系统化、层次化的多因素决策分析方法,这种方法将决策者的经验判断进行量化,在目标结构复杂且缺乏必要数据的情况下使用非常方便。我国从 20 世纪 80 年代初开始引进该方法,现已在能源政策分析、产业结构研究、科技成果评价、发展战略规划、人才考核评价、军事作战指挥等方面得到了广泛的应用。

层次分析法的基本原理是:通过分析问题的性质和所要达到的目标,将问题划分成各个组成因素,并按照支配关系形成递阶的层次结构,通过两两比较的方式确定各因素之间的相对权重,然后依次逐层进行综合计算,最终得到总目标的综合效果值。

采用层次分析法进行评估的基本流程如图 5.4 所示,主要包括以下内容:

(1) 分析系统中各因素之间的关系,建立系统的递阶层次结构模型;

(2) 对同一层次的各因素关于上一层次中某一准则的重要性进行两两比较,构造判断矩阵,并对判断矩阵的一致性进行检验,若检验不能通过,则需要重新调整判断矩阵;

(3) 一致性检验通过后,求解判断矩阵的最大特征向量,最大特征向量反映的就是各要素对于该准则的相对权重;

(4) 计算各层元素对目标的合成权重,并进行排序;综合计算,得出总效果值。

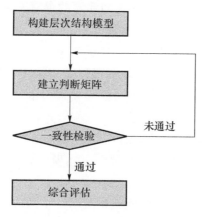

图 5.4 层次分析法的基本流程

5.4.1.1 递阶层次结构的建立

应用 AHP 分析干扰效果评估的问题,首先要把问题条理化、层次化,构造出一个层次分析的结构模型。在这个结构模型下,复杂问题被分解为称为元素的组成部分。这些元素又按其属性分成若干组,形成不同层次。同一层次的元素作为准则对下一层次的某些元素起支配作用,同时它又受上一层次的支配。这些层次大体上可以分为以下 3 类。

(1) 最高层:这一层次中只有一个元素,一般它是分析问题的预定目标或理想结果,因此也称目标层。

(2) 中间层:这一层次包含为实现目标所涉及的中间环节,它可以由若干个层次组成,包括所须考虑的准则、子准则,因此也称为准则层。

(3) 最底层:表示为实现目标可供选择的各种措施、决策方案等,因此也称为措施层或方案层。

这种自上而下的支配关系所形成的层次结构,称为递阶层次结构。

递阶层次结构中的层次数与问题的复杂程度及需分析的详尽程度有关,一般地可以不受限制。每一层次中各元素所支配的元素一般不要超过 9 个。这是因为支配的元素过多会给两两比较判断带来困难。一个好的层次结构对于解决问题是极为重要的,因而层次结构必须建立在决策者对所面临的问题有全面深入认识的基础上。如果在层次的划分和确定层次元素间的支配关系上举棋不定,那么最好重新分析问题,弄清各元素间的相互关系,以确保建立一个合理的层次结构。

5.4.1.2　构造两两比较判断矩阵

在建立层次结构以后,上、下层次之间元素的隶属关系就被确定了。假定以上一层元素 C 为准则,所支配的下一层次的元素为 $u_1, u_2, \cdots, u_n$,我们的目标是要按照它们对于准则 C 的相对重要性赋予相应的权重。当 $u_1, u_2, \cdots, u_n$ 对于 C 的重要性可以直接定量表示时,它们相应的权重可以直接确定。但是对于干扰效果评估问题,元素的权重不容易直接获得,这时就需要通过适当的方法导出它们的权重,AHP 所用的方法就是两两比较的方法。

在这一步中,决策者需要针对准则 C,比较两个元素 u_i 和 u_j 哪个更重要,以及评估其重要程度,并按 1~5 比例标度对重要性程度赋值。表 5.1 中列出了 1~5 标度的含义。

这样对于准则 C,n 个被比较的元素构成了一个两两比较判断矩阵

$$\boldsymbol{A} = (a_{ij})_{n \times n} \tag{5.1}$$

式中:a_{ij} 为元素 u_i 和 u_j 相对 C 的重要性的比例标度。

显然判断矩阵具有下列性质:

$$a_{ij} > 0, \quad a_{ji} = 1/a_{ij}, \quad a_{ii} = 1 \tag{5.2}$$

表 5.1　按 1~5 比例标度对重要性程度赋值表

标度	含　义
1	表示两个元素相比,具有同样重要性
2	表示两个元素相比,前者比后者稍微重要
3	表示两个元素相比,前者比后者明显重要
4	表示两个元素相比,前者比后者强烈重要
5	表示两个元素相比,前者比后者极端重要
倒数	若元素 i 与元素 j 的重要性之比为 a_{ij},那么元素 j 与元素 i 重要性之比为 $a_{ji}=1/a_{ij}$

称判断矩阵 A 为正反矩阵。它所具有的性质使得对一个 n 个元素的判断矩阵仅需给出其上(或下)三角的 $\dfrac{n(n-1)}{2}$ 个元素就可以了。也就是说只需作 $\dfrac{n(n-1)}{2}$ 个判断即可。

在特殊情况下,判断矩阵 A 的元素具有传递性,即满足等式

$$a_{ij} \cdot a_{jk} = a_{ik} \tag{5.3}$$

一般地并不要求判断矩阵满足这种传递性。当此式对 A 的所有元素均成立时,判断矩阵 A 称为一致性判断矩阵。

5.4.1.3　单一准则下元素相对权重的计算

在这一步需要根据 n 个元素 $u_1, u_2, \cdots, u_n$ 对于准则 C 的判断矩阵 A,求出它们对于准则 C 的相对权重 $\omega_1, \omega_2, \cdots, \omega_n$。相对权重可写成向量形式,即 $W = (\omega_1, \omega_2, \cdots, \omega_n)^T$。这里需要解决两个问题,一个是权重计算方法,另一个是判断矩阵一致性检验。

1) 权重计算方法

存在不同的计算权重的方法,主要包括以下几种。

(1) 和法。

$$\omega_i = \frac{1}{n} \sum_{j=1}^{n} \frac{a_{ij}}{\sum_{k=1}^{n} a_{kj}} \quad i = 1, 2, \cdots, n \tag{5.4}$$

与和法相类似地还可以用如下公式进行计算:

$$\omega_i = \frac{\sum_{j=1}^{n} a_{ij}}{\sum_{k=1}^{n} \sum_{j=1}^{n} a_{kj}} \quad i = 1, 2, \cdots, n \tag{5.5}$$

（2）根法。如果将 A 的各个列向量采用几何平均,然后进行归一化,得到的列向量就是权重向量,其公式为

$$\omega_i = \frac{\left(\prod_{j=1}^{n} a_{ij}\right)^{\frac{1}{n}}}{\sum_{k=1}^{n}\left(\prod_{j=1}^{n} a_{ij}\right)^{\frac{1}{n}}} \quad i = 1,2,\cdots,n \tag{5.6}$$

（3）特征根法。解判断矩阵 A 的特征根问题：

$$AW = \lambda_{\max} W \tag{5.7}$$

式中：$\lambda_{\max}$ 是 A 的最大特征根；W 是相应的特征向量。所得到的 W 经归一化过后就可以作为权重向量。这种方法称为特征根法，简记为 EM。特征根方法在 AHP 中有特别重要的理论意义及实用价值。

（4）最小二乘法。确定权重向量 $W = [\omega_1,\omega_2,\cdots,\omega_n]^T$，使残差平方和最小：

$$\sum_{1 \leq i < j \leq n} [a_{ij} - \omega_i/\omega_j]^2 \tag{5.8}$$

（5）对数最小二乘法。用拟合方法确定权重向量 $W = [\omega_1,\omega_2,\cdots,\omega_n]^T$，使残差平方和最小：

$$\sum_{1 \leq i < j \leq n} [\log a_{ij} - \log(\omega_i/\omega_j)]^2 \tag{5.9}$$

上面列举的方法中特征根法是 AHP 中较早提出并得到广泛应用的一种方法。它对 AHP 的发展在理论上有重要作用。其他的方法有各自的特点和应用场合。另外，由于权重向量经常被用来作为对象的排序，因此也常常把它称为排序向量。

2）一致性检验

在计算单准则下排序向量时，还必须进行一致性检验。前面已经提到了在判断矩阵的构造中，并不要求判断矩阵具有一致性。这是由客观事物的复杂性与人的认识的多样性所决定的。但判断矩阵既是计算排序权向量的根据，则要求判断矩阵有大体上的一致性。上面提到的排序向量的计算方法都是一些近似的算法。当判断矩阵偏离一致性过大时，这种近似的可靠程度也就值得怀疑了。因此需要对判断矩阵的一致性进行检验，其步骤如下。

（1）计算一致性指标 CI(Consistency Ratio)：

$$CI = \frac{\lambda_{\max} - n}{n - 1} \tag{5.10}$$

（2）查找相应的平均随机一致性指标 RI(Random Index)。表 5.2 给出了 1～14 阶正反矩阵计算 1000 次得到的平均随机一致性指标。

表 5.2 平均随机一致性指标 RI

矩阵阶数	1	2	3	4	5	6	7
RI	0	0	0.52	0.89	1.12	1.26	1.36
矩阵阶数	8	9	10	11	12	13	14
RI	1.41	1.46	1.49	1.52	1.54	1.56	1.58

（3）计算一致性比例 CR（Consistency Ratio）：

$$CR = \frac{CI}{RI} \quad (5.11)$$

当 CR＜0.1 时，认为判断矩阵的一致性是可以接受的。当 CR≥0.1 时应该对判断矩阵做适当的修正。对于一阶、二阶矩阵总是一致的，此时 CR=0。

为了检验一致性，必须计算矩阵的最大特征根 λ_{max}。这可以在求出 W 后，用如下公式求得：

$$\lambda_{max} = \frac{1}{n}\sum_{i=1}^{n}\frac{(AW)_i}{\omega_i} = \frac{1}{n}\sum_{i=1}^{n}\frac{\sum_{j=1}^{n}a_{ij}\omega_j}{\omega_i} \quad (5.12)$$

式中：$(AW)_i$ 表示 AW 的第 i 个分量。

5.4.1.4 计算各层次元素对目标层的合成权重

上面得到的仅仅是一组元素对其上一层中某元素的权重向量，最终是要得到各元素对于总目标的相对权重，特别是要得到最底层中各元素对于目标的排序权重，即所谓"合成权重"。合成排序权重的计算要自上而下，将单准则下的权重进行合成，并逐层进行总的判断矩阵一致性检验。

假定已经算出 $k-1$ 层上的 n_{k-1} 个元素相对于总目标的排序权重向量 $\omega^{(k-1)} = [\omega_1, \omega_2, \cdots, \omega_{n_{k-1}}]^T$，第 k 层上的 n_k 个元素对 $k-1$ 层上第 j 个元素为准则的排序权重向量设为 $p_j^{(k)} = [p_{1j}^{(k)}, p_{2j}^{(k)}, \cdots, p_{n_kj}^{(k)}]^T$，其中不受 j 支配的元素的权重为零。令

$$p^{(k)} = [p_1^{(k)}, p_2^{(k)}, \cdots, p_{n_{k-1}}^{(k)}]^T \quad (5.13)$$

这是 $n_k \times n_{k-1}$ 的矩阵，表示 k 层元素对 $k-1$ 层上个元素的排序，那么第 k 层上元素对总目标的合成排序向量 $\omega^{(k)}$ 由下式给出：

$$\omega^{(k)} = [\omega_1^{(k)}, \omega_2^{(k)}, \cdots, \omega_{n_k}^{(k)}]^T = p^{(k)}\omega^{(k-1)} \quad (5.14)$$

或

$$\omega_i^{(k)} = \sum_{j=1}^{n} p_{ij}^{(k)}\omega_j^{(k-1)} \quad i = 1, 2, \cdots, n \quad (5.15)$$

并且一般有

$$\boldsymbol{\omega}^{(k)} = \boldsymbol{p}^{(k)} \boldsymbol{p}^{(k-1)} \cdots \boldsymbol{\omega}^{(2)} \tag{5.16}$$

式中：$\boldsymbol{\omega}^{(2)}$ 为第二层上元素对总目标的排序向量，实际上就是单准则下的排序向量。

若已求得以 $k-1$ 层上元素 j 为准则的一致性指标为 $\mathrm{CI}_j^{(k)}$，平均随机一致性指标 $\mathrm{RI}_j^{(k)}$ 以及一致性比例 $\mathrm{CR}_j^{(k)}$，$j = 1, 2, \cdots, n_{k-1}$，则 k 层的综合指标 $\mathrm{CI}^{(k)}$，$\mathrm{RI}^{(k)}$，$\mathrm{CR}^{(k)}$ 应为

$$\mathrm{CI}^{(k)} = [\mathrm{CI}_1^{(k)}, \mathrm{CI}_2^{(k)}, \cdots, \mathrm{CI}_{n_{k-1}}^{(k)}] \boldsymbol{\omega}^{(k-1)} \tag{5.17}$$

$$\mathrm{RI}^{(k)} = [\mathrm{RI}_1^{(k)}, \mathrm{RI}_2^{(k)}, \cdots, \mathrm{RI}_{n_{k-1}}^{(k)}] \boldsymbol{\omega}^{(k-1)} \tag{5.18}$$

$$\mathrm{CR}^{(k)} = \frac{\mathrm{CI}^{(k)}}{\mathrm{RI}^{(k)}} \tag{5.19}$$

当 $\mathrm{CR}^{(k)} \leqslant 0.1$ 时认为递阶层次结构在 k 层水平以上的所有判断矩阵具有整体一致性。

5.4.2 灰色层次分析法

灰色层次分析法[15]（GAHP）作为效能评估中最为常用的一种方法，是灰色系统理论与层次分析法的有效结合。具体实现方法为：在对自适应雷达对抗系统干扰效果评估各指标划分层次时，按照灰色系统的理论知识，计算不同层次决策的"权"值，再按照层次分析法进行干扰效果综合评估。

按照灰色系统理论对于事物的划分，将完全知晓的系统称为白色系统；信息量为零，完全不知晓的系统称为黑色系统。因此有了灰色系统的概念，用于描绘一个所知信息不够完全的不确定性系统，而这样的系统在客观世界中大量存在。其理论分析的目的是从灰色系统中的已知信息中开发和提取有用信息，以正确描述该系统特性。

对系统效能评估的层次分析指的是：首先通过对评估对象的总体分析，明确其需要实现的目标，要求这个目标是唯一确定的，并将这个目标放置在层次分析的最顶层，作为效果评估的总目标。接下来，将隶属效果评估总目标的各个准则作为该目标的下层。一般而言，系统评估的准则会有很多，因此需要分清这些准则的主次，必要时可以根据评估指标体系的建立方法，去掉对系统评估影响较小的准则以减小评估的复杂度。再次，分析构成这些准则的各个因素以及因素间的相互关系。对于存在隶属性质的元素，建立上层与下层的结构，以体现上层元素对下层元素的支配性。对于性质相近，同时对上层元素有影响作用的元素，则建立组的关系，并

同时隶属于上一层元素。从而建立起相应的效果评估指标体系。

灰色层次分析法的步骤如下。

（1）分析待评估系统，构建评估层次化结构。在深入分析评估对象的基础上，利用层次分析法的原理，确定评估对象需要实现的目标，再根据影响因素进行逐层分解，使得同层同组元素作用互不交叉，上下层次元素形成树形关系。其底层元素即所求的评估指标。

（2）自下而上，计算评估指标体系中下层元素对于隶属的上层元素的权值。采用主观赋权的方式，由专家或评估者为下层元素对其上层元素的重要性做出判断，进而构造得到判断矩阵 U：

$$U = \begin{bmatrix} a_{11} & a_{12} & \cdots & a_{1n} \\ a_{21} & a_{22} & \cdots & a_{2n} \\ \vdots & \vdots & \ddots & \vdots \\ a_{n1} & a_{n2} & \cdots & a_{nn} \end{bmatrix} \quad (5.20)$$

将判断矩阵 U 的每列元素做归一化处理，再将各行元素先求和再取均值，得出下层元素对于隶属的上层元素的权值 W：

$$W = [\omega_1, \omega_2, \cdots, \omega_n]^T \quad (5.21)$$

式中：n 表示下层元素的个数，$\omega_i (i=1,2,\cdots,n)$ 表示元素 i 对应上层元素的影响力，即权重。满足：

$$\begin{aligned} \omega_i &> 0 \\ \sum_{i=1}^{n} \omega_i &= 1 \end{aligned} \quad (5.22)$$

判断矩阵 U 的构造方法为（与 5.4.1.2 节类似）：根据专家或评估者为下层元素对其上层元素的重要性做出的判断制定效果评估指标元素重要性表，如表 5.3 所列。

表 5.3 效果评估指标元素重要性表

指标元素 \ 相对重要性	最重要	相邻中值	很重要	相邻中值	较重要	……
等级	一	二	三	四	五	……
指标元素 1						
指标元素 2						
……						
指标元素 n						

根据效果评估指标元素重要性表，各元素两两比较重要性大小。并赋值给判断矩阵 U 中的元素 a_{ij}：

$$a_{ij} = \frac{\text{元素 } j \text{ 的重要性}}{\text{元素 } i \text{ 的重要性}} \tag{5.23}$$

（3）计算指标评价值矩阵 D，即

$$D = \begin{bmatrix} d_{11} & d_{12} & \cdots & d_{1i} \\ d_{21} & d_{22} & \cdots & d_{2i} \\ \vdots & \vdots & \ddots & \vdots \\ d_{j1} & d_{j2} & \cdots & d_{ji} \end{bmatrix} \begin{matrix} \text{评} \\ \text{估} \\ \text{元} \\ \text{素} \end{matrix} \overset{\text{评 估 者}}{} \tag{5.24}$$

式中：d_{ji} 表示第 i 个评估者对第 j 个评估元素给出的评估值。评估者的评分表可以直接作为评估值矩阵 D，也可以采取其他方法求得。

（4）确定评估灰类。按照灰色理论，确定评估灰类、灰数以及灰类的白化权函数。评估灰类常常采用"优秀""良好""中等""差等""及格""不及格"等字眼来描述。灰数描述了一个不确定数值的区间范围，通常用"⊗"表示，每一种灰数对应一个灰类。灰数可以根据灰色理论中的定义，通过人们对它的认识加以白化，即提高确定性。灰类的白化权函数用于定量计算评估元素隶属于某个灰类的程度。

基于效果评估的白化权函数常使用如下 3 种。

① 对指标元素的数值要求越大越好的灰类，选用上限测度白化权函数，灰数 $\otimes \in [d_1, d_2, \infty)$，其白化权函数为

$$f(d_{ji}) \begin{cases} 0 & d_{ji} \in [0, d_1) \\ \dfrac{d_{ji} - d_1}{d_2 - d_1} & d_{ji} \in [d_1, d_2) \\ 1 & d_{ji} \in [d_2, +\infty) \end{cases} \tag{5.25}$$

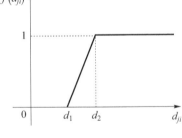

图 5.5 上限测度白化权函数

示意图如图 5.5 所示。

② 对指标元素的数值要求围绕灰数中的某一个值，选用适中测度白化权函数，又称三角白化权函数。灰数 $\otimes \in [d_1, d_2, d_3]$，其白化权函数为

$$f(d_{ji}) = \begin{cases} \dfrac{d_{ji} - d_1}{d_2 - d_1} & d_{ji} \in [d_1, d_2) \\ \dfrac{d_3 - d_{ji}}{d_3 - d_2} & d_{ji} \in [d_2, d_3] \\ 0 & d_{ji} \notin [d_1, d_3] \end{cases} \tag{5.26}$$

示意图如图 5.6 所示。

③ 对指标元素的数值要求越小越好的灰类,选用下限测度白化权函数,灰数 $\otimes \in [0, d_1, d_2]$,其白化权函数为

$$f(d_{ji}) = \begin{cases} 1 & d_{ji} \in [0, d_1) \\ \dfrac{d_2 - d_{ji}}{d_2 - d_1} & d_{ji} \in [d_1, d_2] \\ 0 & d_{ji} \notin (0, d_2] \end{cases} \qquad (5.27)$$

示意图如图 5.7 所示。

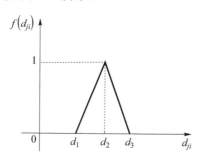 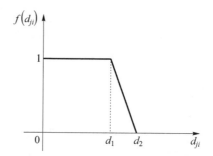

图 5.6　适中测度白化权函数　　　图 5.7　下限测度白化权函数

白化权函数中 d_i 的取值可以根据评价值矩阵 $\boldsymbol{D}$ 中的评价数值来设定,保证各个灰类对应的灰数能够覆盖评价值矩阵中所有的数值。

(5) 计算灰色评估系数。记灰色评估系数为 t_k^j,表示指标元素 j 的第 k 个灰类所对应的系数,由评价矩阵 $\boldsymbol{D}$ 和白化权函数 $f_k(d_{ji})$ 计算得到:

$$t_k^j = \sum_{i=1} f_k(d_{ji}) \qquad (5.28)$$

同理,在求得指标元素 j 在各个灰类下的灰色评估系数之后,得到总灰色评估系数 t^j:

$$t^j = \sum_{i=1}^{k} t_i^j \qquad (5.29)$$

(6) 计算灰色评估权向量 $\boldsymbol{r}^j$ 和权矩阵 $\boldsymbol{R}$。利用 t_k^j 和 t^j,可以计算出归一化之后的指标元素 j 属于第 k 个灰类的评估权 r_k^j,排成行向量,即得 $\boldsymbol{r}^j$:

$$r_k^j = \dfrac{t_k^j}{t^j} \qquad (5.30)$$

将 n 个评估指标元素的评估权向量 $\boldsymbol{r}^j$ 组合在一起,构成该上层指标对应的灰

色评估权矩阵 R：

$$R = \begin{bmatrix} r^1 & r^2 & \cdots & r^n \end{bmatrix}^T$$

$$= \begin{bmatrix} r_1^1 & r_2^1 & \cdots & r_k^1 \\ r_1^2 & r_2^2 & \cdots & r_k^2 \\ \vdots & \vdots & \ddots & \vdots \\ r_1^n & r_2^n & \cdots & r_k^n \end{bmatrix} \tag{5.31}$$

（7）由 R 求得干扰效果综合评估向量为

$$P = W^T R \tag{5.32}$$

为划分的每一个灰类赋予效果数值，构成向量：

$$G = \begin{bmatrix} g_1 & g_2 & \cdots & g_k \end{bmatrix}^T \tag{5.33}$$

可以计算出综合评估值为

$$E = PG \tag{5.34}$$

值得一提的是，评估体系一般为多层结构，当评估指标体系多于两层时，需要按照上述层次分析方法，自下而上，定性分析下层元素对隶属的上层元素的权重，并一层一层地计算效果评估向量，最后再求得系统的总效果值。

5.4.3 灰色聚类评估法

灰色聚类评估法是基于灰色理论与数据挖掘中的聚类算法相结合形成的一类常用算法，有灰色关联聚类和灰色白化权聚类两种方式。本节只对灰色白化权函数聚类评估法进行介绍。

灰色白化权函数聚类评估法的基本原理为：结合建立的干扰效果评估指标体系及各指标的表征方式，可以根据待评估系统的需要，设定各指标目标参考值，对系统各指标实际值进行数据处理，并划分灰类，最后利用白化权函数计算灰色评估权矩阵。

由于干扰效果评估指标很多且各指标意义不同、每个指标计量单位和数量级也不尽相同，不能直接综合数据进行分析，因此需要先对各指标实际值进行数据处理，将不能直接综合的各指标数据无量纲化处理，消除计量单位的影响。无量纲化处理的实现方法如下：

假设系统中有 n 个评估指标，每个指标有 m 个观测样本，k 个不同的灰类，y_{ij} 表示第 i 个评估指标的第 j 观测值样本，其中 x_{ij} 表示无量纲化处理后的样本值，c_i 表示第 i 个评估指标的目标参考值。

$$x_{ij} = \frac{y_{ij}}{c_i} \tag{5.35}$$

$$x_{ij} = 1 + \left(\frac{\min\limits_{1 \leq j \leq m} y_{ij} - y_{ij}}{c_i}\right) \tag{5.36}$$

根据不同类型数据表征的需要,选择不同的无量纲化处理形式。指标数值越大效果越好时,则采用公式(5.35)进行无量纲化处理;指标数值越小效果越好时则采用公式(5.36)。

灰色白化权函数聚类评估法的实施步骤如下。

(1)确定评估指标体系中各指标的权重。可以采用层次分析法中利用判断矩阵求得权重的方法来实现。

(2)确定灰类。根据无量纲化后的各指标数据,划分出 k 个灰类,对应灰数分别为

$$[a_1, a_2], [a_2, a_3], \cdots, [a_{s-1}, a_s], \cdots, [a_k, a_{k+1}] \tag{5.37}$$

(3)建立三角白化权函数。设三角白化权函数最大值为1,令第 k 个灰类三角白化权函数的中点为 $\lambda_k = (a_k + a_{k+1})/2$,构造指标元素 i 的第 k 个灰类的三角白化权函数 $f_i^k(\cdot), i = 1, 2, \cdots, n$。灰数的两个边界值可适当延拓至 a_0、a_{k+2},以保证实际值比目标参数值更好的特例数据依然满足上述灰类。如图5.8所示。

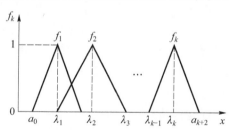

图5.8 三角白化权函数建立图

(4)计算各指标无量纲化后的数据对应各灰类的隶属程度。对于指标元素 i 的第 j 个无量纲化数据 x_{ij},由公式

$$f_k(x_{ij}) = \begin{cases} 0 & x_{ij} \notin [a_{k-1}, a_{k+2}] \\ (x_{ij} - a_{k-1})/(\lambda_k - a_{k-1}) & x_{ij} \in [a_{k-1}, \lambda_k] \\ (a_{k+2} - x_{ij})/(a_{k+2} - x_{ij}) & x_{ij} \in [\lambda_k, a_{k+2}] \end{cases} \tag{5.38}$$

计算出其对应于第 k 个灰类的隶属度 $f_k(x_{ij})$,进而得到 x_{ij} 对于所有灰类的隶属向量 $f(x_{ij})$。形成灰色评价矩阵 $F(x_{ij})$:

$$F(x_{ij}) = [f(x_{i1})\quad f(x_{i2})\quad \cdots \quad f(x_{ij})]^{\mathrm{T}} \tag{5.39}$$

（5）按照灰色层次分析法第二步求权重的方法，由灰色评价矩阵 $F(x_{ij})$ 得出 i 指标灰色权向量 r^i，类似灰色层次分析法，将 n 个评估指标元素的评估权向量组合在一起，构成该指标对应的灰色评估权矩阵 R：

$$R = [r^1\quad r^2\quad \cdots \quad r^n]^{\mathrm{T}} \tag{5.40}$$

（6）结合指标权重，得到综合评估向量为

$$P = W^{\mathrm{T}}R \tag{5.41}$$

为划分的每一个灰类赋予效果评估数值，构成效果评估值向量：

$$G = [g_1\quad g_2\quad \cdots \quad g_k]^{\mathrm{T}} \tag{5.42}$$

可以计算出干扰效果综合评估值为

$$E = PG \tag{5.43}$$

5.4.4 ADC 评估法

灰色层次分析法和灰色聚类分析法两种方法在针对系统进行效能评估时，都是基于"系统稳定地保持着正常运作的状态"假设下的。但系统在实际运作中，总可能出现故障，需要修复，或者完全失效。综合考虑系统在特定使用环境下，完成任务要求的能力大小以及有效性和可信性，ADC 评估法由此诞生。

ADC 评估法的中心思想是：一个系统在运作前，无论在什么时间，它首先需要处于能正常工作的准备状态。再者，该系统在运作过程中所完成的工作是可靠的。最后，系统还必须能够尽可能地达到预定的任务目标。同时满足这 3 个条件的系统，才真正具有很高的效能。ADC 评估法用有效性向量 A（Availability）表示在系统开始运作之前可能处于的状态；用可信性矩阵 D（Dependability）表示系统在运作过程中可能存在的状态转换特性；用能力向量 C（Capacity）来表示系统完成预定任务目标的程度，三者的乘积即为 ADC 评估法下的系统效能，表示为

$$E = ADC \tag{5.44}$$

针对干扰效果评估系统而言，系统在干扰运作前，一般而言只有可用和不可用两个状态，所以有效性向量 A 可以表示为

$$A = (a_1\quad a_2) \tag{5.45}$$

式中：a_1 表示系统处于可用状态下的概率，用平均故障间隔时间（MTBF）和平均修复时间（MTTR）来表征：

$$a_1 = \frac{\text{MTTR}}{\text{MTBF} + \text{MTTR}} \tag{5.46}$$

a_2 表示系统处于不可用状态下的概率:

$$a_2 = 1 - a_1 \tag{5.47}$$

可信性反映了由物理故障引起的系统失效状态和出现失效后系统恢复到正常工作状态的状态转移矩阵。可信性矩阵 $\boldsymbol{D}$ 可以表示为

$$\boldsymbol{D} = \begin{pmatrix} d_{11} & d_{12} \\ d_{21} & d_{22} \end{pmatrix} \tag{5.48}$$

式中: d_{11} 表示系统在运作过程中稳定保持正常状态的概率; d_{12} 表示系统由正常运作状态转变为失效状态的概率; d_{21} 表示系统由失效状态恢复到正常运作状态的概率; d_{22} 表示系统在运作过程中一直处于失效工作状态的概率。满足:

$$\begin{aligned} d_{11} &= r + (1-r)m \\ d_{12} &= 1 - d_{11} \\ d_{21} &= m \\ d_{22} &= 1 - d_{21} \end{aligned} \tag{5.49}$$

式中: r 为系统可靠度; m 为系统可维修度。

系统的能力体现在系统完成指定任务的程度,是系统固有能力的表征。能力向量 $\boldsymbol{C}$ 表示为

$$\boldsymbol{C} = \begin{pmatrix} c_1 & c_2 \end{pmatrix}^\mathrm{T} \tag{5.50}$$

式中: c_1 为系统在正常运作状态下完成指定任务的程度,可用概率或者效果值表征,可以采用前面讨论的灰色层次分析法和灰色聚类评估法计算得到。c_2 为系统在失效运作状态下完成指定任务的程度。

对比层次分析法之后的 3 类评估方法,采用灰色层次分析法进行综合评估时,可以非常直观地看到效能目标和各个影响因素之间的树形结构,对系统分析帮助很大,且评估易于实现,但各个指标的评估对于评估者的依赖较大,受各位评估者的主观认知影响较严重;灰色聚类评估法在综合评估中的优势较为明显,是基于多组样本观测值和目标参考值划分的评价集做出的评估。相对灰色层次分析法,灰色聚类评估法的分析和评估更客观,但所依赖的数据量较大;ADC 评估法在讨论系统固有能力的同时,考虑到了系统可能存在的非正常工作状态所带来的影响,对系统效能的评估更全面,对存在多个子系统的庞大系统评估效果很好。

5.4.5　基于机器学习的综合评估法

基于机器学习理论的干扰效果综合评估方法是利用电子对抗过程中所得到的相关数据作为训练样本,通过学习得到影响因素对干扰效果的影响规律,进而实现特定影响因素下的干扰效果评估。目前,主要包括基于人工神经网络的干扰效果评估方法和基于支持向量机的干扰效果评估方法。由于在2.3.2节中,对人工神经网络和支持向量机相关理论已有详细阐述,本节重点是对这些理论在干扰效果评估中的应用进行综述。

基于人工神经网络的干扰效果评估方法是利用神经网络,从以往多次试验结果中学习干扰效果与各因素之间的关系,以此建立评估模型。目前,常用的神经网络有BP神经网络以及RBF神经网络。文献[16]针对遮盖干扰选取功率有效度因子、检测概率下降有效度因子、作用距离有效度因子以及检测时间耗费有效度因子作为神经网络的输入,将以往试验的结果作为输出,通过BP神经网络拟合出干扰因素与干扰效果之间的关系,以此建立评估模型,用于对干扰效果的评估。文献[17]提出了一种基于BP神经网络的复合干扰效果评估方法,针对不同的干扰样式选择不同的评估因子,用以往的试验结果作为BP神经网络的输入与输出,得到干扰因子与干扰效果之间的映射关系,最终通过该神经网络实现评估。文献[18]选定干扰功率、干扰频率、干扰样式、干扰时机4个指标的隶属度作为径向基函数(RBF)神经网络的输入数据,得到了比BP神经网络收敛速度更快的评估方法。文献[19]利用模糊神经网络进行欺骗性干扰效果的评估,将干扰功率与雷达信号功率之比、雷达抗截获性、雷达信号模拟的复杂性和雷达系统在时频域上的分辨能力作为影响因素,并利用RBF神经网络,将其映射为优、良、中、差、很差5个干扰效果等级。基于神经网络的干扰效果评估方法简便易行,当样本足够多时能够取得较高的准确率,但是在样本有限的情况下容易出现过学习现象进而导致其推广能力下降。

针对以上基于神经网络的干扰效果评估方法的缺点,研究人员提出了利用对小样本具有较好学习能力的SVM进行干扰效果评估的方法。文献[20]在分析雷达的工作过程及其所面临的有源干扰的特点的基础上,从兼顾遮盖性干扰效果和欺骗性干扰效果的作战要求出发,将效率准则和时间准则相结合,提出了搜索时间比和跟踪误差比两个评估指标,然后利用仿真实验或实装对抗得到的"对抗态势"下的样本对LS-SVM进行训练,得到各影响因素与干扰效果之间的函数关系,最后利用训练好的LS-SVM评估干扰效果。文献[21]针对波门拖引式欺骗干扰,从干扰机本身和雷达的抗干扰能力两个方面出发,总结出了干扰-信号功率比、拖引速度、干扰脉冲相对回波时延以及雷达抗干扰能力4个影响因素,并将不同因素的隶属度作为 SVM 的输入值,利用多次试验的数据对 SVM 进行训练,得到干扰因素隶属度与最终干扰效果的映射关系。文献[22]指出由于干扰方案以及干扰后的行为表现是多种多样的,由这些因素组成的对抗态势更是众多。这些试验中的典型对抗态势相对于数量庞大的实际对抗态势而言,可以认为是"有限样本",因此可以将干扰效果评估问题看作一种有限样本分类问题,以干扰方设置和行为变化的数据为样本,通过分析得出其干扰效果的有无,构建干扰行为特征数据库。利用支持向量机强大的学习能力通过对训练样本的学习,得到最优分类超平面,并在测试样本中检验分类准确率,从而进行干扰效果评估。

5.5 本章小结

干扰效果评估技术的发展一直以来都是电子对抗领域关注的焦点,针对不同的场景与任务,有许多评估指标被提出,其突破点亦受到多方面的关注;传统的干扰效果评估方法以及准则都是站在合作方,即威胁对象本身来考虑的;这种情况下,充分已知威胁对象的各种参数以及工作流程,在干扰到来后,引发威胁对象内部资源的耗费以及工作指标的变化都是可观测的,可以比较好地评估出干扰效果或者抗干扰的能力。而对于认知电子战系统来说,无法获取威胁系统内部信息参数以及具体的处理流程,只能根据威胁对象在时域、频域、空域等的行为变化,对干扰效果进行评估。因此,本章主要基于对抗方对威胁信号所携带的信息进行分析,检测和识别威胁对象性能的变化,充分利用干扰前后侦察到的变化信息,实现对当前干扰样式和策略有效性的评估。需要说明的是,基于非合作方的干扰效果在线评估是认知电子战技术中的难点之一,目前能够查阅的相关资料很少,本书所提的思路和方法,只是研究的初始阶段,希望能够抛砖引玉,引发更深入的研究和思考。

参考文献

[1] 刘聪锋,赵梓越. 自适应调零天线对抗效能层次分析评估方法[J]. 西安电子科技大学大学学报(自然科学版),2015,42(1):25-31.

[2] 张剑. 军事装备系统效能分析、优化与仿真[M]. 北京:国防工业出版社,2002.

[3] 张杰儒. 电子对抗系统干扰效果估计[J]. 航空与航天,1997,3:12-17.

[4] 马忠恕. 建设现代防空体系中的抗干扰问题之一——抗干扰能力的评定标准[J]. 航天电子对抗,1986,6:120-130.

[5] 张益江. 机载电子对抗系统实战效果分析[J]. 雷达与电子战动态,1984,1:40-46.

[6] 冯惠珠. 战术导弹武器系统抗干扰性能方法研究[J]. 航天电子对抗,1990,1:9-17.

[7] 李潮.雷达抗干扰效能评估方法、现状和展望[J].电子对抗,2003,5:41-45.
[8] 李潮,张巨泉.干扰频率捷变雷达的技术及其效果度量[J].现代雷达,2004,26(1):10-13.
[9] 高卫.电子干扰效果一般评估准则探讨[J].电子信息对抗技术,2006,21(6):39-42.
[10] 李潮,周金泉.基于干扰方的干扰效果评估研究[J].电子信息对抗技术,2008,23(2):46-49.
[11] 张亚朋.多功能雷达工作模式研究[J].现代雷达,2003,25(8):1-4.
[12] 胡卫东,郁文贤.相控阵雷达资源管理的理论和方法[M].北京:国防工业出版社,2010.
[13] 王雪松,肖顺平,冯德军,等.现代雷达电子战系统建模与仿真[M].北京:电子工业出版社,2010.
[14] 安红,杨莉,高由兵,等.基于作战应用的相控阵雷达干扰效果评估方法初探[J].电子信息对抗技术,2014,29(3):42-46.
[15] 胡晓伟.电子干扰效果评估方法[J].电子科技,2011,24(8):105-107.
[16] 徐新华,黄建冲.BP神经网络在雷达干扰效果评估中的应用[J].雷达科学与技术,2008,6(4):251-253.
[17] 温浩.用神经网络方法实现复合干扰效果评估[D].西安:西安电子科技大学,2005.
[18] 魏保华,杨锁昌,王雪松,等.神经网络应用于干扰效果评估的研究[J].现代雷达,2001,23(3):24-27.
[19] 员志超.基于RBF神经网络的雷达干扰效能评估方法[J].软件导刊,2015,14(6):51-53.
[20] 林连雷.支持向量机算法及其在雷达干扰效果评估中的应用研究[D].哈尔滨:哈尔滨工业大学,2009.
[21] 徐启军,李敬辉,刘晓东.一种基于SVM的干扰效果评估方法[J].舰船电子工程,2007,27(1):178-181.
[22] 王伟,杨俊安,崔琳,等.基于支持向量机的通信干扰效果在线评估算法[J].电子信息对抗技术,2017,32(2):51-57.

第 6 章

动态数据库构建

电子战系统的数据库是按一定结构将有关电子对抗的数据组织在一起,将侦察分析得到的结果以数据的形式整理成一个集合,并建立与之对应的干扰策略库以及相应的干扰效果评估体系,若之后遇到相同或相似的威胁,则可根据先验知识直接选择最优的干扰策略并实时地进行攻击,而不必重新分析、设定干扰措施等一系列程序,大大节省了时间与资源。但传统的固定、常规特征构建的威胁库越来越不适应新的发展需求,主要表现在以下两个方面:

(1) 传统数据库的"条目状"知识项难以有效描述新型威胁对象功能模式多样和波形样式复杂的特征,并且完全忽略了威胁对象本身的动态行为特征;

(2) 传统数据库是作战任务之前预先加载,并在作战任务期间维持固定不变,缺乏库内知识项在线自我学习积累完善的能力。

也就是说,针对传统固定波形特征构建的威胁库和干扰库都是基于威胁环境的先验知识对威胁信号进行处理的。在实际对抗中,当电子对抗装备侦收到威胁信号时,就将该威胁信号特征与威胁数据库中预先装订的信号进行比较,如果匹配,即能识别该威胁并采用预先制定的干扰规则实施对抗;而对于新型和未知波形的威胁,如果没有预先记录和研究,则很难有效对抗。随着电子信息装备从固定的模拟系统向数字可编程系统发展,新型威胁对象将越来越多地具备未知行为方式和捷变波形特征,因此传统的静态威胁库和固定的干扰库已无法满足未来战场的作战要求,必须根据认知电子战的需求,研究动态威胁库与干扰库的构建技术,从组成数据库知识项的基本要素、库结构设计、数据检索和动态更新操作等方面,探索动态威胁库与干扰库的基本组成框架,以克服传统威胁库和干扰规则库存在的不足。

6.1 动态数据库的构建思路

动态数据库包括动态威胁库和干扰规则库,动态威胁库是对威胁对象的行为特征及信号特征进行描述,以数据的形式存储在动态数据库中,以便与侦察到的威胁进行对比并辨识出新威胁与旧威胁;干扰规则库分为干扰策略库和干扰样式库,是针对动态威胁库中的威胁设计的干扰策略以及生成的干扰参数,并附以相应的干扰效果评估结果。

设计合理的数据库结构,包括数据库的层次结构、基本组成要素以及它们间的相互关系[1],要求数据库的维护、动态更新和使用满足认知电子战系统的整体性能要求。特别地,数据库的组织形式要能够容易地添加新的未知威胁项,并且维持库的一致性。本书仅研究数据库的基本构成和技术难点,分解出关键技术并研究其解决方案,不具体实现完整的数据库。

对于认知电子战数据库的设计要有以下特点:

(1)单纯从数据库上来说,要求从软件模块化的角度出发,每个数据表应具有可扩展性,针对不同的威胁,抽象出多个扩展字段,以满足对抗多种自适应威胁以及变化的自适应威胁的应用需求;对于每个数据表,用户可以实现对数据表的查询、插入、修改、删除等基本操作。

(2)考虑到多种威胁对象,数据库设计过程中采用灵活的层次结构,把每一种威胁的参数、对抗策略以及干扰样式参数一层一层地分解,直到具有通用结构为止。上层可以调用本身的下一层,但下层结构不允许调用上层。在逻辑结构设计过程中拟采用自顶向下逐步求精的设计方法,经过一步一步地分解完善,到最后就能取得较好的效果,满足实际需要;而在物理结构设计过程中却要结合自底向上逐步综合的方法。

(3)创建数据库表格的方式可以是手动创建,也可以采用存储过程进行动态创建。其中,动态威胁库则是动态创建,并需要另建索引信息表对动态创建的表格进行管理。各种自适应方式下的参数主要包括威胁目标的载频、重复周期、脉宽、脉内调制类型和辅助天线数目。另外频域自适应、时域自适应和空域自适应下的自适应准则应以统一的字段类型来描述;而干扰样式库则可以手动创建,把现有的将要用到的各种干扰样式存储到数据库中,后续也可加入新的干扰样式;干扰策略库是核心,也是采用动态创建的方式,由于需要对多次的动态威胁信号进行分析来获得干扰策略,所以周期比动态威胁库大很多。其与动态威胁库中的威胁目标相对应,且需要调用干扰样式库中的干扰样式对敌方威胁进行攻击,针对不同的自适应行为,干扰策略不同,需要统一的字段类型进行描述,其主要内容为具有一定顺序的某些干扰样式的描述字段。

建立数据库之后,还必须对数据库进行维护,对数据进行备份和还原。利用存储过程,制订数据维护计划。对数据库按照时间进行数据备份。在磁盘空间较小时提示用户进行磁盘清理,需还原时利用备份文件对数据库进行还原。

由于描述雷达和通信系统的特征参数并不相同,干扰策略和方法也不相同,对应的数据库则不同,本书重点以雷达作为威胁对象进行进一步的讨论。

6.2 动态威胁库的构建

6.2.1 动态威胁库的组成要素和结构体系

动态威胁库的构建整体按照层次结构进行设计[2],图6.1为动态威胁库组成要素。动态数据库与雷达行为学习算法连接,先将雷达子行为作为第一层,再针对每层子行为,存储表征该行为的雷达状态参数及相应的行为准则,其是第二层。而缓冲区则是针对要学习和辨识的对象,先存储以雷达状态为集合的参数集,再将参数集输入到机器学习算法中去,得到对象子行为准则,最后与动态库内已有威胁进行比对,若已存在,则直接利用已有干扰策略进行攻击,若不存在,则为新威胁,按照图中两层结构进行存储。另外,图中所示的时域、频域、空域等子行为的准则是按照学习算法模型中的参数进行表征的。

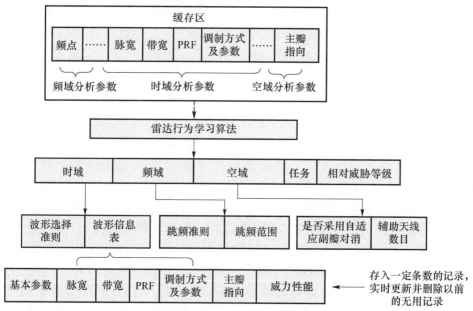

图6.1 动态威胁库组成要素

图6.2为动态威胁库的结构体系。动态威胁库是对抗方在对敌方威胁信号的侦察、分析过程中建立起来的。从图中可以看出动态威胁库以层次的形式建立,前

面的层次为雷达行为信息,最后一层次为每个雷达行为下的行为特征及威胁信号参数。

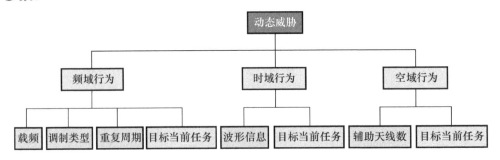

图 6.2　动态威胁库的结构体系(见彩图)

在对抗初期,威胁库为雷达先验知识,在多次侦察、分析后会将接收到的威胁信号分类存入威胁库中,以便之后的对抗实施。威胁库建立的理想状态是与敌方的波形库完全吻合,使得预测的威胁信号误差尽可能小。另外,对于频域行为,主要存储内容为威胁信号的频点以及分析得到的频点选择准则,为后续的引诱或欺骗提供数据;对于时域行为,主要存储威胁信号的波形以及波形选择准则,若已知威胁对象的波形选择准则,则可预测威胁对象波形,而相应的攻击手段也能实时地进行;对于空域行为,主要存储威胁对象波束参数(如辅助天线数目等),副瓣对消、副瓣匿影等手段越来越多地被用做抗干扰手段,获知威胁对象如何设置加权系数等参数对干扰雷达空域行为十分重要。

6.2.2　动态威胁库的更新规则与方法

动态威胁库的更新是将利用缓冲区数据学习到的子行为准则及威胁信号范围与动态威胁库内已有威胁进行比对,但是如何进行比对以及比对的顺序等问题并没有明确,这里将解决具体的动态威胁库更新操作的实现问题。

库的更新流程主要与库的两层结构设计有关,当学习到一个雷达威胁后,先与库中已知威胁的行为准则比对。当不一致时,则认为是新威胁,将学习到的行为准则按照动态威胁数据库的接口插入到库的上层,再将缓冲区的信号参数数据按照动态威胁数据库的接口插入到库中对应的行为准则(也即刚插入的行为准则)的下层;当一致时,则认为是旧威胁,再将缓冲区内的信号参数作为查询关键字,对动态威胁库中对应行为准则下的信号参数集合进行查询,若有部分信号参数不存在,则将这些参数插入库内下层相对应的位置,若全部信号参数都存在,则认为是完全一致的旧威胁,不进行更新操作,动态威胁库更新流程如图6.3所示。

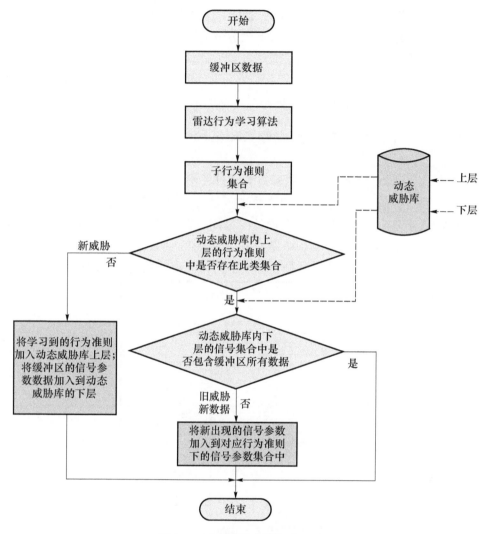

图 6.3 动态威胁库更新流程图

6.3 干扰规则库的构建

干扰规则库是在对抗及干扰效果评估中建立的,研究当前已有的各种成熟的干扰样式和干扰策略,分析其优缺点、有效性、作用对象[3]。特别地,在此基础上重点研究自适应雷达对抗所采用的干扰样式与策略。据此定义干扰规则库的基本结构。干扰规则库同样需要考虑手动更新、动态更新的问题。干扰规则库的构建首先需要定义最基本的干扰样式,而复杂的干扰样式,将由这些基本干扰样式根据干扰规则库中的干扰策略或者动态设计算法产生。因此,最基本的不可分解的干扰样式以及基本的有效干扰策略将是干扰规则库研究中的重点内容之一。干扰规则库包含已知有效的干扰样式与策略和动态设计的干扰样式与策略,前者是为了高效应对已知威胁,后者则是为了提高对抗新的未知威胁的能力。

6.3.1 干扰规则库的组成要素和结构体系

6.3.1.1 干扰策略库的组成要素和结构体系

干扰策略库是通过对侦察到的威胁进行学习探测后设计的干扰策略的集合,主要内容是分别针对各种雷达任务设计出最优的干扰样式,常见雷达任务有搜索、跟踪、识别、成像等,其中搜索和跟踪是最常用的两种雷达工作模式。图6.4为干扰策略库结构体系,与已知威胁对应,并且可调用干扰样式库内的干扰样式,

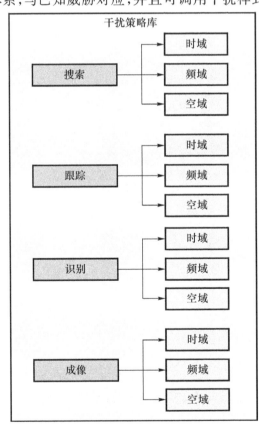

图6.4 干扰策略库结构体系

这些干扰策略主要针对前面提到的威胁行为,在威胁雷达的任务不同时干扰策略有很大不同,而不同的自适应行为准则亦会导致干扰策略的不同。

本书讨论的干扰策略库也分为两层。第一层是利用侦察信息得到的敌方雷达任务将干扰策略进行分流;第二层则是敌方雷达不同任务下,针对时、频、空三域的不同行为准则集合存储干扰策略。

6.3.1.2 干扰样式库的组成要素和结构体系

图 6.5 为干扰样式库结构体系。雷达干扰分为压制式干扰、欺骗式干扰。压制式干扰中基本的干扰样式有:纯噪声干扰、噪声调幅干扰、噪声调频干扰、噪声调相干扰以及复合噪声干扰;欺骗式干扰有两种分类:一种是根据真假目标参数信息的差别分为距离欺骗干扰、角度欺骗干扰、速度欺骗干扰、假目标干扰和拖引干扰;另一种分类是根据真假目标参数差别的大小和调制方式分为质心干扰、假目标干扰和拖引干扰。另外,有灵巧噪声干扰,其兼有欺骗和噪声干扰的特点,由干扰机在雷达的中心频率附近发射许多噪声猝发脉冲,它们在时间上与真正的目标回波重叠并且覆盖住目标回波。

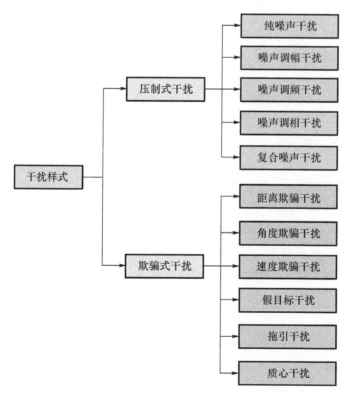

图 6.5　干扰样式库结构体系

噪声干扰具有的主要优点是:除了需要知道敌方雷达的频率范围外无需了解雷达的其他参数特性,干扰设备比较简单,对传统的雷达干扰效果好。噪声干扰的有效性受以下因素的影响:一是要求噪声干扰机能适应具有不同极化的敌方雷达系统;二是与干扰机噪声的质量本身有关,理想情况下它应尽可能接近白噪声(例如接收机噪声)。而对于 PD 雷达,噪声干扰很容易被雷达相干处理,使其达不到干扰的目的,非相参的干扰具有极大的浪费。而且,干扰信号从雷达的主瓣进入时,干扰机的方位很容易暴露。

欺骗式干扰的优点是:它对于采用相干技术的雷达如 PD 和脉压雷达来说是极有效的。因为对于噪声干扰,采用相干技术的雷达具有大的处理增益(约 20~60dB),从而可将噪声干扰信号极大地衰减,但是对于欺骗式干扰,雷达接收的目标回波不会被衰减,所以干扰的目的就容易实现。欺骗式干扰的局限性是:若干扰信号从雷达方向图的主瓣进入,那么干扰机的方向就很容易被雷达选通,从而将干扰机暴露;同时现代雷达普遍采用副瓣匿影(SLB)和副瓣对消(SLC)等技术,阻止干扰信号从其副瓣进入;除此之外,雷达还有可能采用副瓣覆盖发射技术,以防止敌方通过接收副瓣发射信号来截获真正的雷达信号,使其无法轻易地复制近似目标回波信号,达不到有效干扰的目的。

6.3.2 干扰规则库的更新规则与方法

6.3.2.1 干扰策略库的动态更新规则与方法

图 6.6 为干扰策略库更新流程。先查询干扰策略库中的策略是否与动态威胁库中的威胁对应,若不是,则是因为动态威胁库在最近时间内有新加入的威胁,则需要与新威胁进行交互,设计新的干扰策略,再按照干扰策略库两层结构进行入库操作。先利用当前新威胁所处的雷达任务将干扰策略进行分类,再按照不同的雷达行为集合进行归类并插入信息。

6.3.2.2 干扰样式库的动态更新规则与方法

图 6.7 为干扰样式库更新流程。根据干扰样式库的结构设计,先将干扰样式的公共参数(干扰功率、带宽、载频等)插入库的上层,再利用干扰类型进行分流,将不同类型的干扰样式参数加入到库的下层中去。

6.3.3 动态威胁库和干扰规则库的相互关联性

图 6.8 为数据库关系结构图,体现了动态威胁库和干扰规则库的相互作用及调用关系,其中,干扰规则库分为干扰策略库和干扰样式库。将侦察到的威胁与动态威胁库中已知威胁的行为比对。若存有的某部雷达行为与新威胁的行为完全相

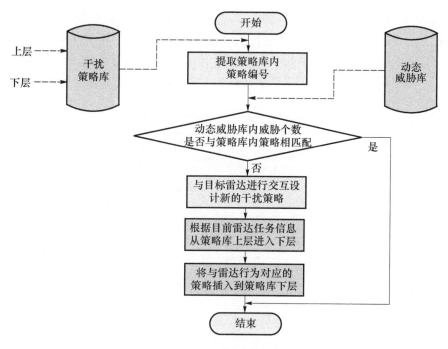

图6.6 干扰策略库更新流程

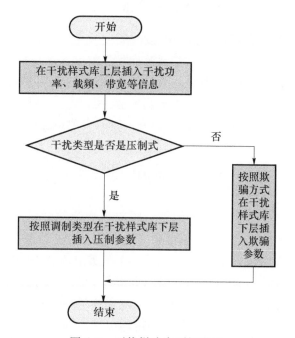

图6.7 干扰样式库更新流程

同,则认为是同一部雷达,可根据其在动态威胁库中存储的相对威胁等级、行为准则和任务对干扰策略库中的策略进行查询并选择,由选择的干扰策略给出要攻击的干扰样式,而干扰样式库中的干扰参数设置需要参考动态威胁库中相应威胁的参数;若不相同,则为新威胁,更新动态威胁库并选取干扰样式进行探测,得到新威胁对应的干扰策略。

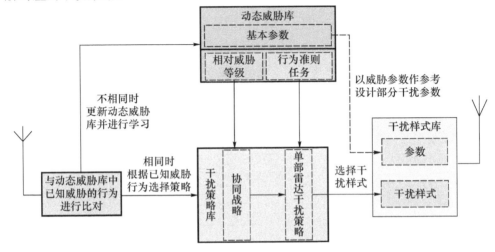

图 6.8　数据库关系结构图(见彩图)

动态威胁库是对敌方雷达之前的一段时间内发射信号的描述,包括自适应行为以及其下的信号的具体参数,所谓"动态"即要求威胁库可以实时更新记录;干扰策略库是对应于动态威胁库中的自适应行为而提出的一种对抗策略的描述,其通过提供策略来调用干扰样式库中的干扰参数进行攻击;干扰样式库是把各种干扰样式以其相应参数的形式存储起来,在调用时给发射端提供参数。

6.4　本章小结

本章节对于动态数据库的构建思路以层次模型为基础,将动态数据库分为两大部分:一部分是以信息侦察与分析结果为内容的动态威胁库,另一部分是与动态威胁对应的干扰规则库。干扰规则库则分为干扰策略库和干扰样式库。干扰策略库主要是针对自适应行为设计的干扰策略及其干扰效果评估,以解决各种情景下的策略选择问题;而干扰样式库主要是针对现有的各种干扰样式进行描述。所建立的三个库之间联系紧密,共同完成了认知电子战系统中对于侦察及对抗数据的存储、查询、更新等操作。值得一提的是,书中建立的动态数据库具有一定的局限性,雷达威胁和干扰样式参数描述并不完善,仅是抛砖引玉,为进一步的深入研究提供思路。

参考文献

[1] 董凯,徐吉辉,方伟,等.雷达对抗仿真系统中雷达数据库设计与实现[J].海军航空工程学院学报,2010,(1):19-23.
[2] 陈松乔,彭多.层次模型的关系表示法[J].中南工业大学学报,1999,30(2):206-208.
[3] 唐忠,汪连栋,刘东玉,等.雷达电子战设备仿真数据库概念模型设计[J].舰船电子工程,2007,(2):162-164.

第 7 章

认知电子战仿真实例介绍

本章从雷达电子战和通信电子战两个方面分别介绍认知电子对抗系统的仿真实例,对本书之前几章阐述的关键技术和算法进行仿真验证。

7.1 认知雷达对抗仿真实例

7.1.1 仿真软件简介

本节介绍认知雷达对抗仿真软件,该软件对认知电子对抗的闭环行为学习过程进行了建模和仿真,以雷达为对抗目标,对本书前几章介绍的目标状态识别、干扰策略优化、干扰效果在线评估以及动态专家知识库构建等关键技术进行了功能验证。

7.1.1.1 软件架构

在实际电子战的对抗系统中,干扰方需要首先对侦收到的雷达发射信号进行基本参数测量,并进一步进行信号分选以及辐射源识别。本节介绍的认知雷达对抗仿真软件的目的是对认知电子战中的关键技术进行功能验证,故可对前期信号侦收、处理的过程进行简化,设定输入为处理后的雷达发射信号的特征向量,并假设对抗目标为单部雷达。认知雷达对抗仿真软件的功能组成框图如图 7.1 所示,包括雷达单元、认知对抗单元以及仿真控制和结果展示单元。

1)雷达单元

雷达单元包括雷达状态模拟模块和状态特征生成模块。其中,雷达状态模拟模块预先封装目标雷达所有的工作状态,并根据先验知识构建状态转移模型。这里,雷达状态是对雷达工作模式的抽象化表示。在仿真过程中,雷达状态模拟模块根据上一时刻的雷达状态及当前干扰样式切换工作模式并采取相应的抗

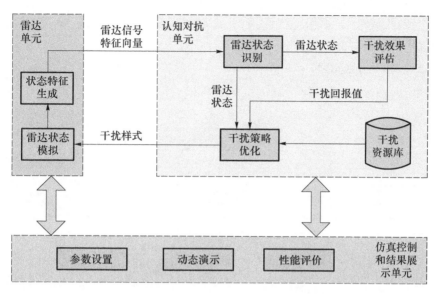

图 7.1　认知雷达对抗仿真软件功能组成框图（见彩图）

干扰措施。状态特征生成模块将雷达发射信号生成、干扰侦察接收机信号检测、处理以及参数统计的过程进行了简化。该模块预先封装每种雷达状态下各信号特征参数的取值范围。在仿真过程中，针对当前雷达状态，随机生成相应参数参考范围内的特征值，形成雷达发射信号的特征向量。

2）认知对抗单元

认知对抗单元是仿真软件的核心。对于干扰方来说，雷达状态是未知的，需要雷达状态识别模块根据信号特征向量对当前雷达状态进行判定。干扰效果评估模块根据连续两个识别时间步长内雷达状态的变化情况进行在线干扰效果评估。干扰策略优化模块首先判断当前雷达状态是否是知识库中的已知状态，若是已知状态，则基于强化学习算法进行干扰样式决策，并依据当前状态下各干扰样式的价值函数从干扰资源库（预先存储干扰方可用的干扰样式并对其进行编号）中产生相应的干扰样式，将其反馈回雷达单元，该过程反复进行以模拟干扰系统与对抗目标的迭代交互过程；若当前雷达状态为未知状态，则首先对未知状态的信号特征参数进行统计分析，然后针对未知状态进行干扰波形优化，从而生成新的干扰样式，并更新干扰资源库。

3）仿真控制和结果展示单元

仿真控制和结果展示单元包括参数设置、动态演示、性能评价。其中，参数设置要求用户在界面设置仿真过程需要的各种参数；动态演示则模拟对抗过程中对抗系统与目标雷达的交互过程；性能评价在仿真结束后显示对抗系统行为学习的结果,包括:收敛时间、累积干扰回报、状态转移矩阵、即时回报矩阵、状态威胁等级、最优干扰策略等。

7.1.1.2 功能组成

认知雷达对抗仿真软件的功能模块结构图如图7.2所示,各模块的功能介绍如下。

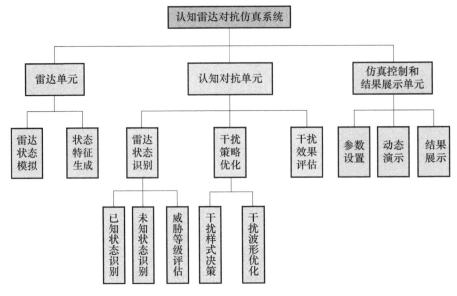

图7.2 认知雷达对抗仿真软件功能模块结构图

(1)雷达状态模拟模块根据上一时刻的雷达状态及当前干扰动作基于预先封装的状态转移矩阵产生当前雷达状态。

(2)状态特征生成模块根据预先封装的各雷达状态下信号参数取值模板随机生成当前雷达状态下的信号特征向量。

(3)雷达状态识别模块根据输入的信号特征向量辨识当前雷达工作状态。其中,已知状态识别子模块基于3.2.1节介绍的有监督分类或无监督聚类算法对知识库中已有的雷达状态进行识别;未知状态识别子模块首先判断是否出现未知雷达状态,然后当未知状态的信号样本数量到达一定规模时,基于3.2.2节介绍的增量式学习方法识别未知雷达状态并更新状态识别模型;威胁等级评估子模块基于3.4节介绍的方法分析各雷达状态的威胁程度。

(4)干扰策略优化模块通过与目标雷达进行动态交互,迭代地优化干扰策略。其中,干扰样式决策子模块基于4.2节介绍的强化学习算法学习已知雷达状态的最优干扰样式;干扰波形优化子模块针对未知雷达状态基于4.3节介绍的智能优化算法优化干扰波形,生成新的干扰样式。

(5) 干扰效果评估模块根据信号特征参数以及雷达状态威胁等级的转变情况,基于5.5节介绍的算法在线地估计干扰方实施某种干扰样式后的即时干扰回报值。

7.1.1.3 仿真流程

认知雷达对抗仿真软件的总体工作流程可分为两个阶段:学习阶段和对抗阶段。

1) 学习阶段

如果后台还未建立干扰规则库,即尚未进行认知雷达对抗的行为学习过程,则仿真软件开始进行学习阶段。

首先设定各种参数,初始化相关矩阵,启动学习过程。此时干扰方需要不断地与目标雷达进行交互,并更新干扰策略。算法收敛后,存储最优干扰策略,更新相关知识库。其中,知识库包括雷达状态转移矩阵、干扰即时回报矩阵、干扰规则库(记录对应于每种雷达状态的最优干扰样式)以及动态威胁库(记录每种雷达状态的威胁等级)。

2) 对抗阶段

当认知对抗仿真软件行为学习过程结束后,开始进入对抗阶段。

该阶段要求对抗系统能针对当前雷达状态迅速地做出干扰样式响应。因此,在完成对当前雷达状态的识别后,对抗系统直接根据干扰规则库中现有的最优干扰策略输出干扰动作,并反馈给雷达单元。对抗系统可根据已有的动态威胁数据库,判断当前雷达状态的威胁等级,当雷达处于威胁等级最低的状态时,仿真结束。

由于实际认知电子战中的电磁环境非常复杂,可假定认知雷达对抗仿真软件在对抗阶段可能遇到学习阶段未曾经历过的雷达状态,即未知雷达状态。对此,仿真软件重新启动行为学习过程,针对未知雷达状态更新干扰策略,同时根据原先学习到的知识,继续干扰目标雷达,即"边对抗边学习"。

7.1.2 仿真结果及分析

本节在雷达状态完全已知和存在未知雷达状态两种情况下,对自适应的雷达对抗仿真软件进行功能验证。假设雷达共有6种工作状态,干扰机具备6种干扰样式。

7.1.2.1 雷达状态完全已知时的功能仿真验证

学习阶段收敛后的主界面如图7.3所示,图中左侧窗口为学习阶段的干扰过程示意图,横轴为雷达状态编号,纵轴为干扰样式编号。设状态数为S,动作数为

A,则坐标系将该窗口分为 $S \times A$ 个方块区域。仿真过程中,对当前状态和当前动作所确定的方块区域内随机画点。例如,当前状态为 s_2,干扰动作为 a_3,则在坐标 $(2,3)$ 所对应的区域内随机画一个点。图中每个方格内的点数代表在相应雷达状态下采取相应干扰样式的次数,点数越多,说明在行为学习过程中该状态-动作对经历的次数越多。

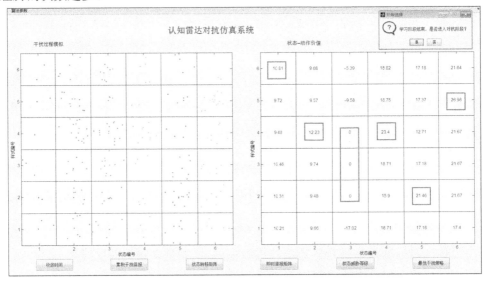

图 7.3　认知雷达对抗仿真软件学习阶段的仿真结果

主界面的右侧窗口动态演示当前 Q 矩阵,即每个状态-动作对的价值,横轴为状态编号,纵轴为动作编号。值越大,表明在当前时刻,对于相应的雷达状态,选择相应干扰样式带来的总体回报值越大。

点击主界面下方的各个按钮,可得到认知对抗仿真软件在行为学习过程中的学习结果,此处主要展示收敛时间、状态转移矩阵、状态威胁等级以及最优干扰策略,如图 7.4 所示。结合以上两图,可以得出以下结论。

(1) 图 7.4 左上方的收敛时间为 45.77s,因此,当学习阶段没有出现未知雷达状态时,仿真软件行为学习的收敛速度较快;

(2) 由图 7.4 右上方的状态威胁等级可以看出,状态 3 的威胁等级最低,而图 7.4 左下方的状态转移矩阵中,雷达处于状态 3 时,干扰样式 2、样式 3、样式 4 均能使雷达维持在状态 3,故图 7.3 右侧窗口的 Q 矩阵中,状态 3 所在列干扰样式 2、样式 3、样式 4 的值(方框内的值)均为零,而其余干扰样式使得雷达从状态 3 跳出,其对应的值均为负,功能正确;

(3) 图 7.3 右侧窗口的 Q 矩阵中,每个状态所在列的最大值所对应的干扰样

第 7 章　认知电子战仿真实例介绍

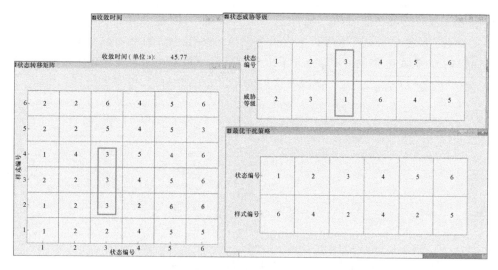

图 7.4　认知雷达对抗仿真软件行为学习的结果

式编号即该状态的最优干扰样式，在图中用方框标出，可以看出：图 7.4 右下方的最优干扰策略与 Q 矩阵具有一致性，功能正确。另外，根据最优干扰策略，在雷达状态转移模型中用点划式箭头标出各个状态下的最优干扰路径，如图 7.5 所示。

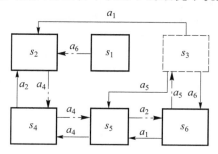

图 7.5　雷达各个状态的最优干扰路径示意图（见彩图）

状态 3 的威胁等级最低，用虚线方框标识。由图 7.5 可以看出，根据认知雷达对抗仿真软件的最优干扰策略，无论雷达处于哪种状态，干扰方均能迫使其向威胁等级最低的状态 3 转移的趋势。因此，最优干扰策略是合理可行的。

7.1.2.2　出现未知雷达状态时的功能仿真验证

本小节假设雷达在认知雷达对抗仿真软件的学习阶段激活新状态 s_7，对仿真软件来说，该状态即未知雷达状态。

首先，开始仿真时，由于输入样本是随机的，在开始一段时间内，尚未出现未知状态，主界面显示如图 7.6 所示。由图可以看出，仿真软件此时只识别出了 6 种已知雷达状态。随着仿真软件与目标雷达的不断交互,雷达会激活状态 s_7,此时的主界面如图 7.7 所示。可以看到,主界面左侧窗口多出一个新的雷达状态,相应的右侧窗口的 Q 矩阵也多出一列,验证了该仿真软件可以有效检测未知雷达状态。

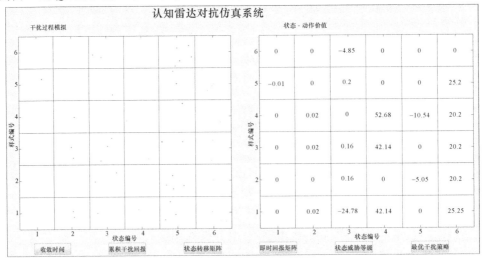

图 7.6　未知雷达状态未出现时的主界面

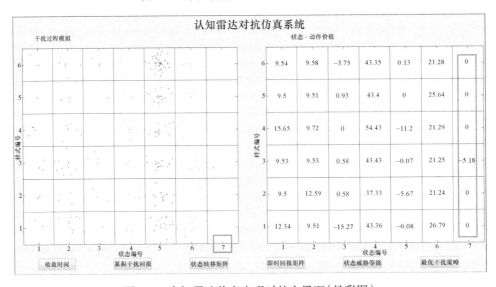

图 7.7　未知雷达状态出现时的主界面(见彩图)

当学习阶段结束时,认知雷达对抗仿真软件得到的最优干扰策略及收敛时间如图 7.8 所示。由图 7.8 可以看出,当学习阶段出现未知雷达状态时,认知雷达对抗仿真软件可针对该状态自主地优化干扰波形,形成新的干扰样式 a_7;另外,本次仿真需要 66.723s 得到最优干扰策略,这说明认知电子战系统在对目标辐射源信号进行前期处理之后,能够在分钟的量级完成对未知威胁目标的干扰响应,这就验证了 1.3.5 节提到的认知电子战系统相比于传统电子对抗系统的优势。

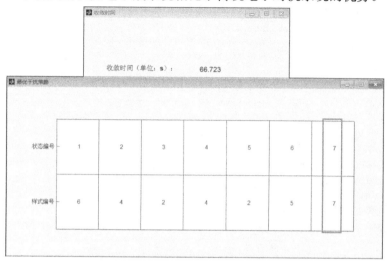

图 7.8　未知雷达状态出现后的学习结果

7.2　认知通信对抗仿真实例

7.2.1　仿真软件简介

本节以基于神经网络的认知通信对抗引擎为例来说明认知技术应用于通信电子战的可行性。神经网络算法作为一种模仿人脑神经网络的机器学习算法,是一种非线性的优化算法,因此其建模较其他机器学习算法精准,且神经网络的基本组成单元是神经元,具备良好的可扩展性。借鉴经典的机器学习器的架构以及 Mitola 的认知环,认知通信对抗引擎的架构设计如图 7.9 所示。

认知通信对抗引擎具备强大的学习能力,它的输入可以是任何意义的量,它的输出通常是某种对抗方式也可以是分类的结果或者是供指挥人员参考的作战建议。下面简要地介绍认知引擎的各个模块。

(1)特征提取器:利用传感器或其他检测设备检测、监视敌方目标信息,并从该信息中提取出有用的特征,比如频段、多普勒频偏等电磁环境信息以及地理环境信息,该信息将被整理成一个特征向量。

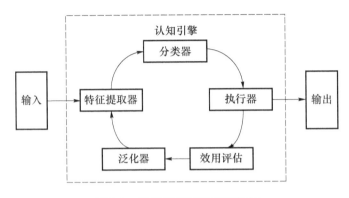

图 7.9 认知通信对抗引擎架构

（2）分类器：接收特征提取器输出的特征值，对敌方目标进行适当的分类，总体上，分类为两种情况：学习库已知与学习库未知。在学习库已知的情况下又有以下子分类：雷达、卫星、导弹等。

（3）执行器：根据分类器的分类结果采取适当的对抗方式，调整干扰波形或者直接物理摧毁，也可以给指挥人员提供对抗的建议。

（4）效用评估单元：评估对抗效果，将其输入泛化器。

（5）泛化器：根据效用评估单元的输出调整特征提取器、分类器、执行器的策略及权值，不断逼近最优化的对抗方式。

7.2.2 关键算法

7.2.2.1 基于神经网络的目标行为预测

一个电子战的认知引擎除了具备学习识别敌我信号特征的学习能力、为适应环境而进行重配置的能力外，还应该具备对目标行为的预测能力。这些行为包括物理行为——如位置变化、速度变化等，还包括电磁行为——如调制方式的变化、编码方式的变化以及频谱的变化等。

在本仿真实例中，我方的接收机将能够检测到一个离散序列$[x_1,x_2,x_3,\cdots,x_n]$，每个x_i表示在某个时间点上目标信道的信号强度。由于该序列的每个值在时间上存在着相关性，因此可以考虑利用该序列中的前若干个值来预测该序列的下一个值。利用神经网络进行预测的步骤如下。

（1）确定神经网络的输入输出。经过上面的任务分析，神经网络的输入值为接收信号的采样值序列$[x_1,x_2,\cdots,x_{t-1},x_t]$，神经网络的输出值为预测值$x_{t+1}$。

（2）确定神经网络的拓扑结构。即确定神经网络的输入单元、隐藏单元、输出单元的数目。由反向传播算法原理可知，当隐藏单元较多时，神经网络的精度较高,但是耗费的训练时间却很大。在利用部分数据进行测试后,引擎采用 8-16-1 的网络结构(即输入单元的个数为8,隐藏单元的个数为16,输出单元的个数为1)。

(3)建立训练样例集。认知引擎借助一个长度为 9 的队列,每经历固定的时间间隔,接收机检测到的信号强度(即当前的信号强度)将会被添加到队尾,同时队头的元素将会被删除。这样一来,队列的前 8 个元素就是训练样例的输入,队列的最后一个元素就是训练样例的输出。

(4)确定神经元的激活函数。经典神经网络模型中的神经元激活函数一般采用 Sigmoid 函数,其缺点在于当输入值大于 2 时,该函数的变化趋势将非常平缓,这是因为 Sigmoid 函数较小的一阶导数会使得训练速度变慢,收敛过程变长。Tanh 函数可以在一定程度上克服这个缺点,在区间[-0.5,0.5]中 Tanh 函数的变化趋势较大,同时 Tanh 函数也有缺点,那就是会造成训练速度过快而导致误差冲破全局极小值而收敛至某一个局部极小值。综合以上分析,该引擎选用 Tanh 函数作为决定神经网络表征能力的隐藏层的激活函数,选用 Sigmoid 函数作为输出层的激活函数。

(5)对训练样例的输入、输出进行归一化。这是非常关键的步骤,以 Sigmoid 函数举例,该值域为(0,1),如果输入值远大于 1 或远小于 -1,则会使得 Sigmoid 函数的一阶导数非常接近于 0,这势必会使得权重梯度变小,网络误差收敛于极小值的速度急剧下降。因此,在检测信号强度的序列时会同时记忆最大值 max 和最小值 min,并对训练样例中的每个输入、输出值做如下归一化处理:

$$x'_t = \frac{x_t - \min}{\max - \min}$$

(6)利用训练样例集对神经网络进行训练,在每轮批量训练前把训练样例乱序化会使得训练效果更佳。乱序化的方法很多,该认知引擎以顺序表的形式存储训练样例,程序借助一个索引链表(该链表存储每个训练样例在训练时的序号),每次随机删除索引链表中的一个元素并将其插入到表尾中,这样就可以保证训练样例集的乱序化了。

7.2.2.2 基于机器学习的干扰效能评估

该认知对抗引擎针对网对网对抗的场景进行干扰效能评估,对抗目标不是常规的单一目标信号源,而是一个目标网络,因此需要考虑如何使整个目标网络的工作效能降低甚至瘫痪,需要评估的是干扰措施能否对目标网络工作状态产生影响。目前,对电子战网络干扰效能评估的研究还较少,该认知对抗引擎试图在传统的单一目标干扰效能评估的基础上,建立集中分布式网络以及基于神经网络的可视化评估系统,对网络对抗的干扰效能进行评估。

实际电子对抗中,为了确认目标是否受到干扰,通常会对目标信号进行截获、分析及参数提取,包括干扰实施前及实施后的目标信号。对这些信号进行截获和分析不仅耗费了大量的资源,更在很大程度上增加了侦察/干扰的时间,且难以判断目标工作状态是否产生改变。干扰实施后,目标的工作状态变化可以分为两种:一种是受到干扰较小其工作不受影响,仍能正常工作;另一种是干扰超出系统容忍范围,目标工作状态异常或改变。我们将第二种状况判定为干扰实施成功。这就将干扰是否成功实施的判断转化为检测目标网络的工作状态,即如何区分两种不同的工作状态,从而可以采用基于机器学习的模式分类方法。

具体的有监督或无监督的机器学习算法已在前面进行过详细描述,在此不再赘述。

7.2.3 仿真结果及分析

为了验证认知通信对抗引擎的效果,建立目标网络(图7.10)如下:

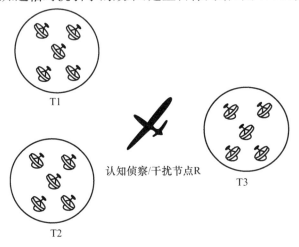

图 7.10 目标网络模型

T1~T3 为目标网络,对应的 R 为侦察节点,目标是 3 个拥有不同行为规律的雷达网络,每个网络均有多个用户,这些用户在通信时会表现为基带上的一个脉冲,当通信的用户较多时,在该时间段上的脉冲数就会比较密集,反之会比较稀疏。可以假设:每个网络的通信用户数量服从一个变参数的泊松过程。同时假设我方的接收机只能检测到这 3 个网络在基带上的交叠信号(含噪声),认知通信对抗引擎的任务就是在这些规律难以被发现的交叠信号以及噪声中分离出各个网络的信号。

7.2.3.1 软件预测性能

设定对于参数按照不同规律变化的泊松过程分别具有 3200 个训练样例,对学习每个泊松过程的神经网络进行 4000 轮训练后,利用神经网络分别进行行为预测。

预测结果如表 7.1 所列。

表 7.1 认知通信对抗引擎的行为预测结果

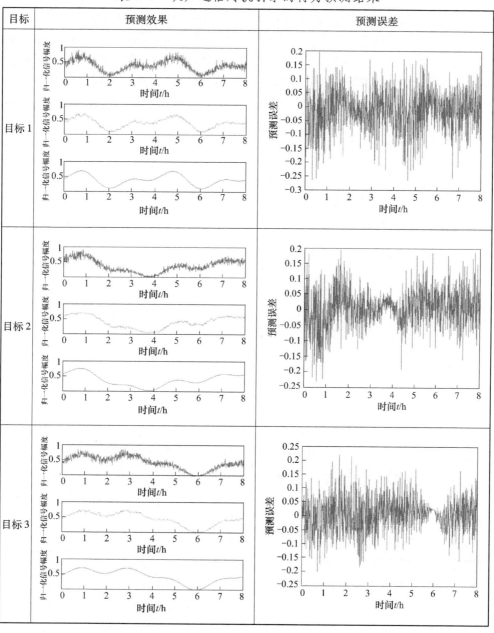

从均方误差和误差分布图来看,即使对于不同参变的泊松过程,最大均方误差仅为0.0708,预测精度较高。

我方的接收机将能够检测到一个离散序列$[x(1),x(2),x(3),\cdots,x(t)]$,序列中的每个值$x(i)$表示在采样时间点上的交叠信号(含噪声)。利用7.2.2节介绍的神经网络进行信号的分离与预测。该神经网络通过3200个训练样例,经过3000轮训练后的仿真结果如图7.11所示。从图中可以看到各个目标的信号在疏密变换上呈现出一定的规律,这个规律就是上面所提到的泊松过程。然而,它们的混叠信号就显得非常的混乱,难以发现规律。认知通信对抗引擎就是要从这些看起来毫无规律的混叠信号中分离出各个目标网络的原信号。分离效果如图7.12所示。

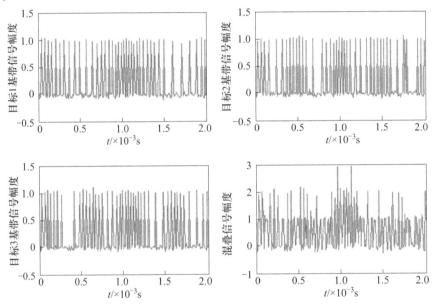

图7.11 认知通信对抗引擎中神经网络模型的仿真结果

从幅度的拟合度上来说,分离效果并不十分精确,但是分离后的信号疏密程度和原信号大致相同,变化规律也一致,这说明神经网络可以从看似无规律的混叠信号中发现各个目标信号的规律。

为了仿真认知通信对抗引擎的干扰效果,假设各个目标网络之间互不干扰,在没有干扰只有环境噪声的前提下,如果各目标网络能够检测到自己的脉冲信号,则它们的通信流量增加。而认知通信对抗引擎的前端接收机只能检测到目标网络在复杂环境中的混叠信号,在这个前提下,对3个目标网络实施干扰。为了表征干扰效果,采用与传统周期式干扰相对比的方式进行。其仿真结果如下。

第 7 章 认知电子战仿真实例介绍

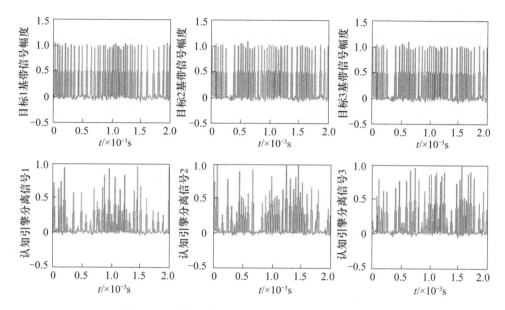

图 7.12 认知通信对抗引擎对目标信号的分离结果

1）有效脉冲数量比较

在本书的模型下,目标网络的通信流量是和网络成功接收到的有效脉冲的数量成正比的,因此,可以用有效脉冲数量来衡量通信流量。

从图 7.13 和表 7.2 中可以看到,传统的周期式干扰最多能够造成目标网络的通信流量下降 28%,而具备分离与预测能力的认知引擎平均可以造成目标网络的通信流量下降 47%,比传统的周期式干扰方式的干扰效果提高了 80%。

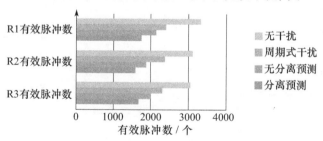

图 7.13 目标有效脉冲数对比结果（见彩图）

2）干扰能耗比较

由于仿真中提到的干扰方式的每次干扰的持续时间相同、功率也相同,所以可以干扰次数来衡量各个干扰方式的能耗。

如图 7.14 所示。具备分离预测能力的认知通信对抗引擎的能耗为周期式干扰能耗的 74.6%,因此,提高了我方资源的合理利用率。

表7.2 目标通信流量

预测、干扰方式 各种流量	分离预测	无分离预测	周期式干扰	无干扰
R1 流量	1767	2142	2394	3328
R2 流量	1585	1880	2378	3111
R3 流量	1669	2010	2308	3047
平均流量	1674	2011	2360	3162

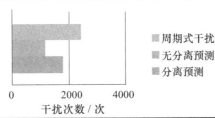

预测、干扰方式	分离预测	无分离预测	周期式干扰
干扰次数	1790	1151	2400

图 7.14 干扰次数对比结果（见彩图）

7.2.3.2 干扰效能评估

基于神经网络的效能评估系统的示意图如图 7.15 所示。

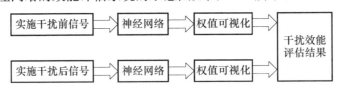

图 7.15 干扰效能评估模型

分别将两组未知信号输入两个神经网络，神经网络拟合信号的规律，通过对神经网络权值进行可视化，对比分析其兴奋程度以确定两组信号是否遵循同一规律，进而判断干扰是否实施成功。

1）BPSK、QPSK 以及 QAM 的信号区分

二进制相移键控（BPSK）、正交相移键控（QPSK）、正交振幅调制（QAM）均为常用的信号调制方式，认知通信对抗引擎通过神经网络学习不同调制方式的内在规律。首先我们产生相应的训练序列对神经网络分别训练，得到其对应的权值，再对权值进行可视化，观察其规律。

对同一信号源分别进行 BPSK、QPSK、QAM 调制后的信号如图 7.16 所示：

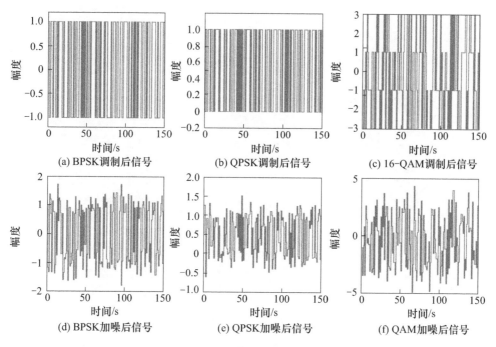

图7.16 3种调制方式下的通信信号

对神经网络进行训练后,其权值如图7.17所示。可以看出,BPSK的隐藏层各权值变化大,输出层较均匀;QPSK的隐藏层各权值有较小变化,输出层均匀;而QAM隐藏层和输出层各权值强弱交替变化,变化幅度较大。这就证明了对不同信号的内在规律,神经网络各神经元具有不同的兴奋程度。

2) GSM 与 CDMA 的信号区分

如图7.18所示,利用同样的方法对全球移动通信系统(GSM)及码分多址(CDMA)信号进行了仿真验证。

其神经网络对应的兴奋程度如图7.19所示。可以看出,对CDMA信号来说,神经网络隐藏层的权值大小交替变化,且小权值较多,输出层大小交替变化,但变化不剧烈;而GSM信号的隐藏层权值有微弱变化,输出层权值变化均匀。这也证明了神经网络对不同内在规律信号的区分能力。

3) LFM 及 BPSK 的信号区分

假设目标网络为认知雷达系统,它可根据环境感知结果,自适应改变发射波形及其参数,以适应新环境。当认知雷达监测到自身受到干扰(人为或自然)无法正常工作时,会调整自身参数,如选择其他波形、调整波形参数、调整工作频点等方式来规避干扰。假设我方认知通信对抗引擎以波形变化为学习目标,从而监测认知

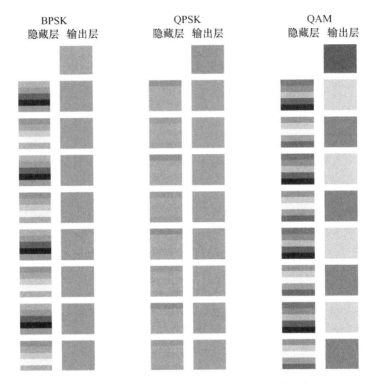

图 7.17 3 种调制信号下的神经网络兴奋程度

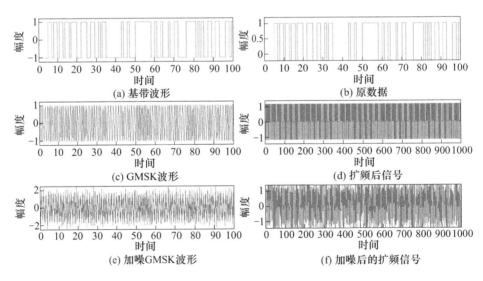

图 7.18 GSM 及 CDMA 的信号波形

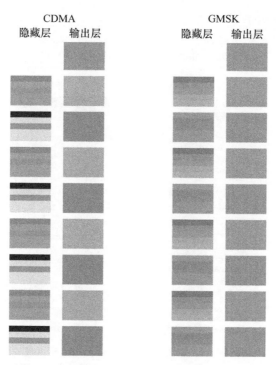

图 7.19　GSM 及 CDMA 的神经网络兴奋程度

雷达是否受到干扰。常见的雷达发射波形主要包括线性调频(LFM)、BPSK 等，首先对这两种信号进行建模，见图 7.20。

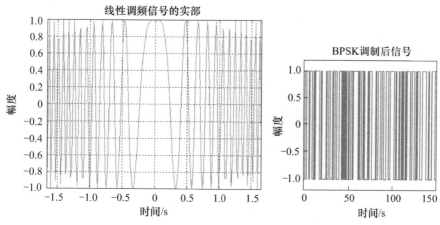

图 7.20　LFM 及 BPSK 的雷达发射波形

对神经网络进行训练情况见图 7.21。从图可以看出，LFM 信号的部分隐藏单元的权值变化剧烈，部分权值较均匀，输出层的权值交替变化；而 BPSK 信号隐藏层各权值变化大,输出层较均匀。

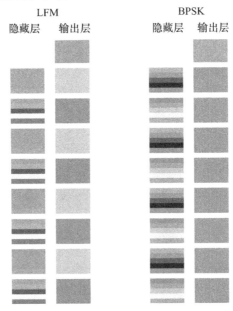

图 7.21　LFM 及 BPSK 的神经网络兴奋程度

以上仿真结果表明,认知通信对抗引擎可以通过对干扰前后的目标信号输入神经网络,观察神经网络兴奋程度是否一致来判定目标的工作状态是否改变,进而判定干扰是否成功实施。

参考文献

[1] 董凯,徐吉辉,方伟,等. 雷达对抗仿真系统中雷达数据库设计与实现[J]. 海军航空工程学院学报,2010,1:19 – 23.

[2] 陈松乔,彭多. 层次模型的关系表示法[J]. 中南工业大学学报,1999,30(2):206 – 208.

[3] 唐忠,汪连栋,刘东玉,等. 雷达电子战设备仿真数据库概念模型设计[J]. 舰船电子工程,2007,2:162 – 164.

缩略语

A3C	Asynchronous Advantage Actor Critic	异步优势执行器-评价器
ACK	Acknowledgement	确认
ADC	Availability Dependability Capacity	ADC（评估法）
AHP	Analytic Hierarchy Process	层次分析法
AP	Affinity Propagation	吸引子传播算法
ARC	Adaptive Radar Countermeasure	自适应雷达对抗
ART	Adaptive Resonance Theory	自适应共振理论
ASLC	Adaptive Side-Lobe Cancellation	自适应副瓣对消
BDA	Battlefield Damage Assessment	战损评估
BLADE	Behavior Learning for Adaptive Electronic Warfare	自适应电子战行为学习
BP	Back Propagation	反向传播
BPSK	Binary Phase Shift Keying	二进制相移键控
BSS	Blind Source Separation	盲源分离
CDIF	Cumulative Difference Histogram	累积差值直方图
CDMA	Code Division Multiple Access	码分多址
CFSFDP	Clustering Algorithm by Fast Searching and Finding of Density Peaks	基于快速搜寻密度峰值的聚类算法
CJ	Cognitive Jammer	认知干扰机
CNN	Convolutional Neural Network	卷积神经网络
CommEx	Communications under Extreme RF Spectrum Conditions	极端射频频谱条件下的通信
CR	Cognitive Radio	认知无线电

CTS	Clear to Send	清除发送
DARPA	Defense Advanced Research Projects Agency	国防部高级研究计划局
DBN	Deep Belief Network	深度信念网络
DDFS	Direct Digital Frequency Synthesis	直接数字频率合成
DDS	Direct Digital Synthesizer	直接数字式频率合成器
DENDRAL	Dendritic Algorithm	树突算法
DJS	Digital Jamming Synthesis	数字干扰合成
DOA	Direction of Arrival	到达方位
DP	Dynamic Programming	动态规划算法
DPG	Deterministic Policy Gradient Algorithms	确定策略梯度算法
DQN	Deep Q – Network	深度 Q 网络
DRFM	Digital Radio – Frequency Memory	数字射频存储
DRL	Deep Reinforcement Learning	深度强化学习
DRQN	Deep Recurrent Q – Network	深度循环 Q 网络
EA	Electronic Attack	电子攻击
ECCM	Electronic Counter – Countermeasures	电子反对抗
ECM	Electronic Countermeasures	电子对抗
EEMD	Ensemble Empirical Mode Decomposition	集成经验模态分解
ELINT	Electronic Intelligence	电子情报侦察
EP	Electronic Protection	电子防护
ES	Electronic Support	电子支援
ESM	Electronic Support Measures	电子支援措施
EW	Electronic Warfare	电子战
Fast ICA	Fast Independent Component Analysis	快速独立成分分析
FD	Familiarity Discrimination	熟悉度判别
GA	Genetic Algorithm	遗传算法
GAHP	Grey Analytic Hierarchy Process	灰色层次分析法
GSM	Global System for Mobile Communication	全球移动通信系统
HASC	House Armed Services Committee	众议院武装部队委员会

HMM	Hidden Markov Model	隐马尔可夫模型
IJCAI	International Joint Conference on Artificial Intelligence	人工智能国际联合会议
JADE	Joint Approximate Diagonalization of Eigenmatrices	特征矩阵联合近似对角化
KKT	Karush–Kuhn–Tucker	KKT（条件）
LFM	Linear Frequency Modulation	线性调频
LS–SVM	Laest Squares Support Vector Machine	最小二乘支持向量机
LSTM	Long–Short–Term Memory	长短时记忆模型
MC	Monte Carlo Methods	蒙特卡罗算法
MCTS	Monte Carlo Tree Search	蒙特卡罗树搜索
MDP	Markov Decision Process	马尔可夫决策过程
MIMO	Multiple–Input Multiple–Output	多输入多输出
MTBF	Mean Time Between Failure	平均故障间隔时间
MTTR	Mean Time to Restoration	平均修复时间
NIH	National Institutes of Health	（美国）国立卫生研究院
NIMH	National Institute of Mental Health	（美国）国立精神卫生研究院
OCSVM	One Class Support Vector Machine	单类支持向量机
OODA	Observe Orient Decide Act	感知—适应—决策—行动
PA	Pulse Amplitude	脉冲幅度
PD	Pulse Doppler	脉冲多普勒
PDW	Pulse Description Word	脉冲描述字
PGM	Probabilistic Graphical Model	概率图模型
PRF	Pulse Recurrence Frequency	脉冲重复频率
PRI	Pulse Recurrence Interval	脉冲重复间隔
PSO	Particle Swarm Optimization	粒子群优化算法
PW	Pulse Width	脉冲宽度
QAM	Quadrature Amplitude Modulation	正交振幅调制
QPSK	Quadrature Phase Shift Keying	正交相移键控
RBF	Radical Basis Function	径向基函数

RBM	Restricted Boltzmann Machine	受限玻耳兹曼机
RF	Radar Frequency	雷达载频
RKRL	Radio Knowledge Representation Language	无线电知识描述语言
RNN	Recurrent Neural Network	循环神经网络
RTS	Request to Send	请求发送
RWR	Radar Warning Receiver	雷达告警接收机
SA	Simulated Annealing	模拟退火算法
SAM	Surface – to – Air Missile	地空导弹
SDIF	Sequence Difference Histogram	序列差值直方图
SEI	Specific Emitter Identification	辐射源个体识别
SGD	Stochastic Gradient Descent	随机梯度下降
SLB	Sidelobe Blanking	副瓣匿影
SLC	Sidelobe Canceler	副瓣对消
SNARC	Stochastic Neural Analog Reinforcement Calculator	随机神经模拟强化计算器
SVM	Support Vector Machine	支持向量机
TDL	Temporal – Difference Learning	时序差分学习
TOA	Time of Arrival	到达时间
UMOP	Unintentional Modulation on Pulse	脉内无意调制特征
UNREAL	Unsupervised Reinforcement and Auxiliary Learning	无监督强化及辅助学习

内 容 简 介

　　本书从电子战系统面临的挑战出发,阐明人工智能相关理论与技术对现代电子战的重要影响和作用,进而引出认知电子战的基本概念和内涵、系统组成以及关键技术。全书共 7 章,重点介绍关键技术的基本原理、研究内容、核心算法及其在认知电子战中的应用,并通过仿真实例说明该技术对认知电子战的作用;最后分别从认知雷达电子战和认知通信电子战两方面进行举例介绍。认知电子战在国内、外是前沿技术方向,本书旨在尝试研究与讨论其理论基础、关键技术和应用,借此抛砖引玉。

　　读者对象:从事电子对抗技术研究的科研人员,以及高等院校信号与信息处理专业的研究生和高年级本科生等。

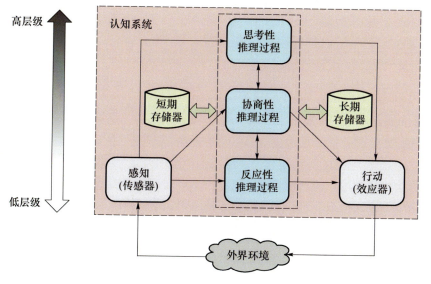

图 1.1 一种典型的水平分层认知系统抽象模型

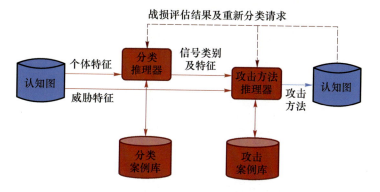

图 1.4 BLADE 项目的顶层推理结构[6]

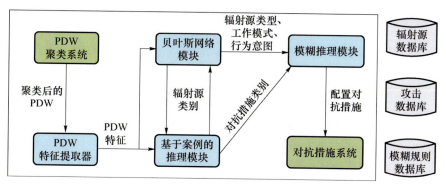

图 1.5 对抗新型雷达波形的认知电子战体系结构[6]

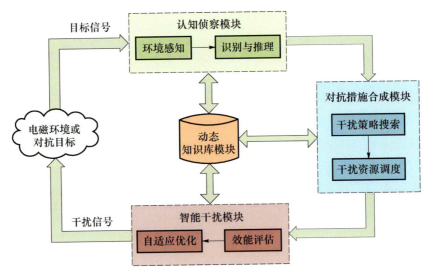

图1.6 认知电子战系统组成框图

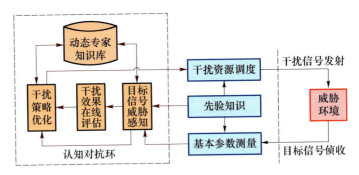

图1.8 认知电子战系统实现流程图

图2.1 SNARC

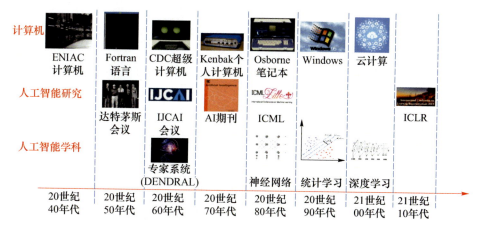

图 2.4 人工智能的演进

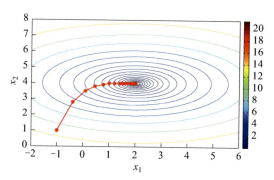

图 2.5 梯度下降算法

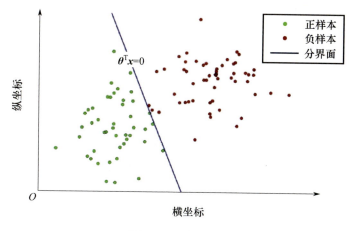

图 2.6 逻辑回归

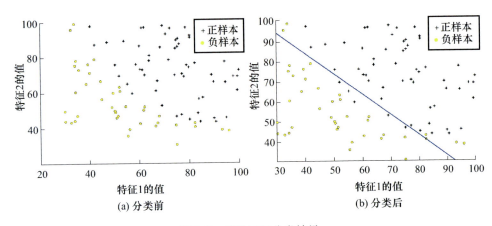

图 2.8 逻辑回归分类结果

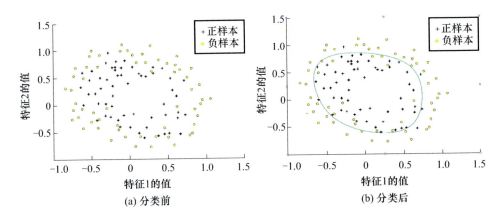

图 2.9 逻辑回归模型非线性分类效果示意图

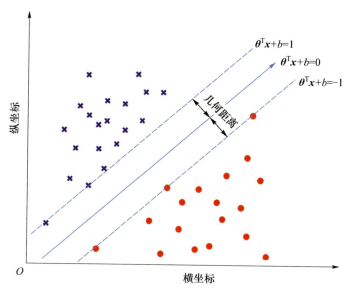

图 2.10 SVM 决策面示意图

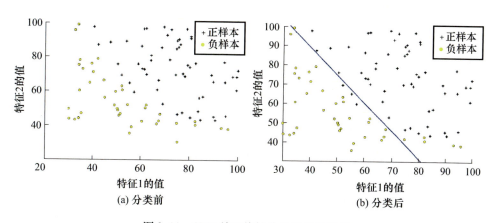

图 2.11 SVM 处理线性分类效果示意图

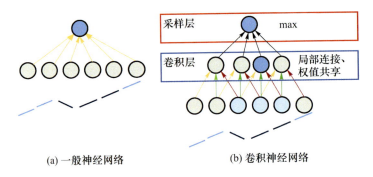

图 2.17　一般神经网络和卷积神经网络的结构对比

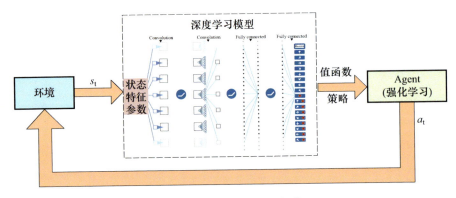

图 2.22　深度强化学习架构

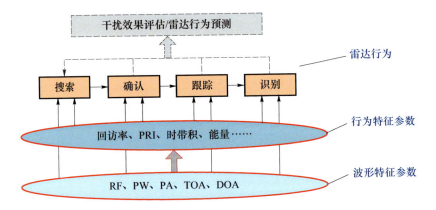

图 3.7　雷达行为识别过程示意图

RF—雷达载频；PW—脉冲宽度；PA—脉冲幅度；TOA—到达时间；DOA—到达方位。

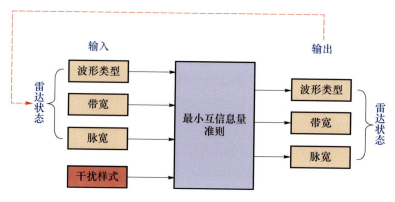

图 3.8　时域自适应雷达行为建模

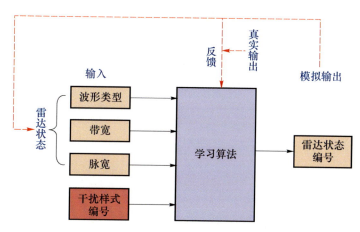

图 3.9　针对时域自适应雷达的学习算法建模

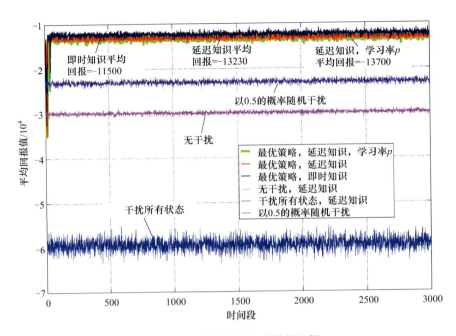

图 4.11 不同干扰策略获得的回报

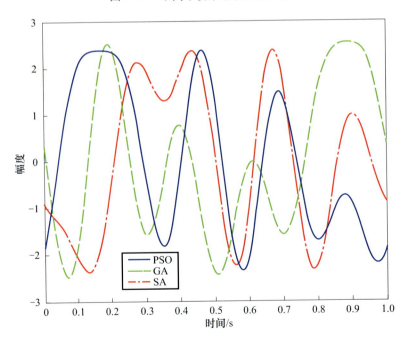

图 4.15 3 种优化算法的合成波形

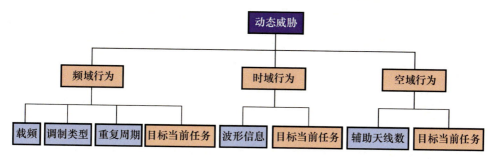

图 6.2　动态威胁库的结构体系

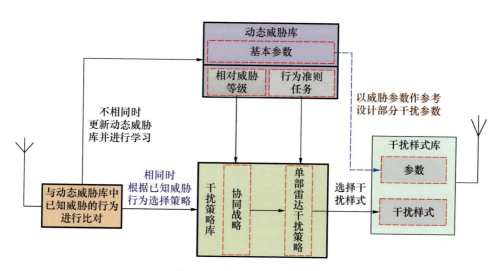

图 6.8　数据库关系结构图

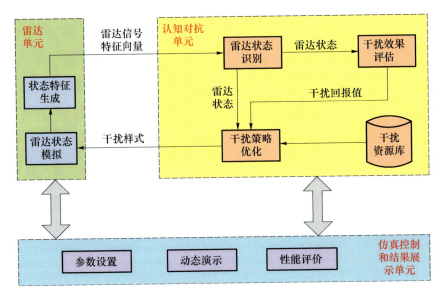

图 7.1 认知雷达对抗仿真软件功能组成框图

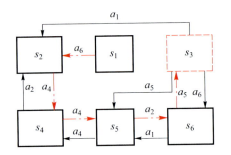

图 7.5 雷达各个状态的最优干扰路径示意图

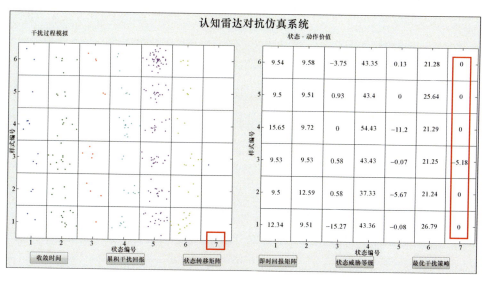

图 7.7　未知雷达状态出现时的主界面

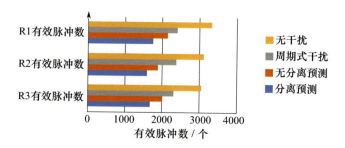

图 7.13　目标有效脉冲数对比结果

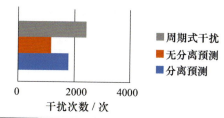

预测、干扰方式	分离预测	无分离预测	周期式干扰
干扰次数	1790	1151	2400

图 7.14　干扰次数对比结果